ITエンジニアのためのスタートアップ戦略

Startup strategy for information technology engineer

Ryo Katsumoto
克元 亮 著

C&R研究所

本書は『会社の法則シリーズ　ITエンジニアのための成功法則80』(2006年、小社刊)を加筆・修正したものです。

はじめに

システムは、銀行のATMからJRの運行管理にいたるまで、ありとあらゆる社会インフラで利用されています。つまり、水道や電気と同じようにライフラインの一つとして位置づけられるようになっており、その役割はますます大きくなっています。

ソフトウエア企業が属する情報サービス産業の市場規模は、バブル崩壊後は低迷しましたが、企業のIT活用やインターネットによる電子商取引の拡大などによって、着実に成長を続けてきました。インターネットや技術革新などはソフトウエア業界の一面でしかありません。そもそも、ソフトウエアが何のために存在しているかといえば、それは世の中をさらに便利にしたり、顧客の業務問題を解決していくことに尽きます。たとえば、みなさんが、通学で毎日使っているICカード。これも、ICカードを処理するソフトウエアが存在してはじめて、スムーズに改札を通ることができる便利な仕組みになるのです。

たとえば、製造業における業務の効率化や金融機関における株価の予測、小売業における新規顧客開拓のための市場分析など、「業務の効率化」や「事業拡大」の視点でソフトウエアの開発ニーズがあります。とくに、最近は、インターネットやソーシャルメディアをいかにビジネスに生かしていくかが多くの企業の課題となっています。この業界の中核となる存在が、エンジニアです。

本書の原書は、２００６年に発刊、著者にとって、初めての単著本でした。今回、装いも改め、約10年ぶりに発刊することになりました。執筆するにあたり内容の見直しをしましたが、当然ながら技術的な変化はあるものの、スタートアップ期のエンジニアにとって重要な考え方は何も変わっていない、と強く思い知りました。本書が読者の皆さんの悩みや問題の解決に少しでも役立つのであれば、これ以上の喜びはありません。

克元 亮

２０１８年2月

CONTENTS

目次

第2章 本当の顧客ニーズをつかむ

第4章 仕事力を高める法則

第5章

自己表現力を高める法則

第6章 勝てるチームリーダーの法則

第7章 会社や上司とのよい関係を築く

第1章
自己成長を続けるために

SEの成長エンジンは「継続的な勉強」

ＩＴは、ドッグイヤーどころか、マウスイヤー（人間よりも数倍の早さで歳をとることから時間が高速で移り変わる様をいう）とも呼ばれるほど、技術進歩が速い業界です。必然的に、それに携わるＳＥにも、進歩・成長が求められます。自己成長を続けるために継続的に勉強するようにしましょう。

勉強しなければ取り残される

インターネットが普及して約20年が過ぎ、スマートフォンの高性能化なども手伝って、世の中のビジネススピードは従来と比べられないほど速くなりました。情報の伝達が高速化してくると、技術革新のスピードも加速度的に上がります。コンカレントエンジニアリング（企画・設計・生産など開発工程を同時並行的に進行させ時間短縮を図る）などでマーケティングと技術開発が同時並行的に進められるようになり、ＩＴの進歩はますます速くなっているといえるでしょう。

そのＩＴを活用するＳＥにも、常に成長が求められるのはいうまでもありません。最近では、自社でサーバーを保有するのではなく、ＡＷＳ（Amazon Web Service）などのクラウドサービスを活用して早期にサービスを立ち上げるのが、常識となりつつあります。もし、新しい技術を学ばずに古いやり方で時間や費用をかけてシステムを構築しても、顧客はメリットを感じないでしょう。

ＩＴのプロとして自己成長を続けよう

ＩＴ業界のみにいえることではありませんが、プロとして生きていく以上、自己成長していくために努力することを、ためらってはいけません。また、自己成長するために、ときには会社の力を借りることも必要です。

◇技術動向がどう変化していくかを理解する

今までになかった革新的な技術というのは、実はそれほど多くなく、ほとんどが、古い技術の問題点の解決や、組み合わせで登場しています。そのため、「温故知新」というように、技術の変遷を学ぶことによって、「なぜ新しい技術が登場したのか」「今後どのような方向へ進んでいくのか」を理解することができます。

◇技術によらない普遍的な知識を身に付ける

新しい技術は、次から次へと登場しては消えていきます。しかし、そこには普遍的な理論が存在します。たとえば、データベース理論やアルゴリズムなどが挙げられるでしょう。これらは技術の根底にある「基本」であり、新しい技術を学ぶときの土台となります。

◇自己成長のために会社の力を借りる

「会社に使われている」ではなく、「成長のために会社を使う」という意識を持ってみましょう。そうすると、会社の仕組みをどう活用すべきか、アイデアが出てきます。それを仕事の形にまで練り上げ、上司に提案してみるのです。

◇35歳定年説をはねのけろ

ＩＴ業界には、「プログラマ30歳定年説」「ＳＥ35歳定年説」など諸説があります。30歳や35歳前後に知識や技術が追いつかなくなり、プログラミングやＳＥの仕事ができなくなるという説です。しかし、実際には、20代であれ30代であれ「努力をやめたとき、仕事への興味を失ったとき」がプロのＳＥの定年です。逆にいえば、勉強を続けるＳＥには、この説は当てはまらないのです。

たとえ、次々と新技術が登場しようとも、普遍的な知識やヒューマンスキルを磨いておけば乗り切ることができます。また、マネジメントスキルを磨いて、事業拡大や後輩育成の立場で活躍するという道もあります。

伸びるSEは技術力以外の能力も磨いている

テクニカルスキル（その職種における専門的な知識や技術）だけでは、SEとして大成することはできません。コンセプチャルスキル（物事の本質を理解して第三者に説明できる能力）とヒューマンスキル（円滑な人間関係を築く能力）を含めた3つのスキルのバランスが大切です。

技術偏重指向の「技術バカ」では成長できない

SEはITのプロフェッショナルでなければならず、ITに弱くては仕事になりません。しかし、ITに強いだけの「技術バカ」も問題です。

「技術バカ」とは、技術偏重指向が強い人のことで、テクニカルスキル（技術力）が非常に高い反面、物事をかみ砕いて相手に伝えたり、人とコミュニケーションをとったりするのが苦手です。このようなSEの多くは、技術の習得や研鑽には熱心ですが、顧客やマーケットにはほとんど関心がありません。また、他の人との協調作業が苦手な上、抽象化思考も弱く、顧客がITの素人であっても専門用語を連発してしまいます。これでは、顧客に満足してもらうことはできないでしょう。

原理原則を理解する能力や対人能力も身に付けよう

テクニカルスキルは、ビジネスを進める上での道具の１つに過ぎません。いくら高度なテクニカルスキルを身に付けていても、その技術を顧客が理解しやすい形にして提供できなければ、宝の持ち腐れとなります。技術力の他に、概念形成力・対人能力も合わせて総合的に高めていくことが重要です。特にＩＴ業界は技術偏重指向になりがちなので気を付けましょう。

◇物事の原理原則を見抜く能力を磨く

ＳＥには、物事の原理原則を見抜いて抽象化し、論理的に問題解決を図ったりアイデアを創造したりする、概念形成のスキルが必要です。これを、「コンセプチャルスキル」といい、論理的思考や仮説思考などの思考プロセスも、このスキルの中に含まれます。原理原則を理解しておけば、新技術が登場したり、ＩＴ製品が変わったりしても応用が効きやすくなります。

たとえば、「自動車」を例に考えてみましょう。自動車はどんなに豪華な高級車でも安い大衆車でも、エンジンとその動力をタイヤに伝えるシャフト、方向を制御するハンドル、スピードを制御するアクセルやブレーキなどの基本構造や仕組みは同じです。この原理原則を理解していればこそ、まったく新しいコンセプトの自動車の開発に携わることになっても右往左往することはなく、欠陥車を世に出してしまうこともないわけです。

同様に巨大システムの開発・設計、複雑な案件の情報整理や交渉、重大なトラブルの解決など、システム開発のあらゆるシチュエーションでも、「真のニーズ」「本来のあるべき姿」「シンプルな基本構造」「事案の本質」を見抜く力や、それをシンプルな言葉で伝える能力が必須になります。コンセプチャルスキルは本・文献などで学ぶことや、先輩のものの見方・考え方を学ぶこと、現場で経験を積むことから身に付けることができます。

◇人間関係を円滑にする能力を磨く

技術力が高くても、「挨拶ができない」「返事が小さい」「感情をコントロールできない」「謝罪やお礼がスムーズに言えない」「会話の際に相手の目を見ない」などの最低限のマナーが身に付いていない人は現場でのトラブルメーカーになってしまいます。

それらの基本マナーを身に付けた上で、さらに「上司への報告・連絡・相談がきちんとできる」「相手が何を言おうとしているのか理解できる」「複雑な事柄をその人の知識レベルに合わせてかみ砕いて説明できる」「怒っている相手をなだめることができる」「困っている人を助けることができる」などを実現できるヒューマンスキルが必要になるわけです。

システム開発はコンピュータを使いますが、完成したシステムを使うのは人間、設計・開発を行うのも人間、つまりＳＥは人間を相手にする仕事に他なりません。

成長のためにまずは自己分析する

日々の仕事に追われていては、自分自身を見失いかねません。成長のするためには目標が必要です。そのためにまず、自分のおかれた環境やスキルを点検しましょう。

目標がないと毎日を無駄に過ごしてしまう

ＳＥは、ただがむしゃらに業務をこなせばいいというわけではありません。長期的ビジョンを持たないＳＥは、日々の仕事に忙殺されてしまいます。ＳＥが成長していくためには、将来の「目標」（ビジョン）に向かって努力していくことが重要です。

目標とは、管理職に就きたいのか現場で指揮を執りたいのか、金融系のＳＥになるのか製造系のＳＥになるのかなど、やりたい仕事や業種のことです。この目標が明確になれば、おのずと、覚えなければならない知識や、身に付けるスキルが明確になります。

これらの知識やスキルの獲得には、いつまでにどんなスキルを身に付けるかという「成長プラン」が必要です。しかし、その前に、まず自分の得手不得手の確認から始めましょう。自分の強みと弱み、ＩＴ業界にどんな逆風や追い風が吹いているかを把握し、目標へ向かうための羅針盤として活用する必要があります。

🌐自己の現状を評価して戦略を立てよう

「自分を評価する」ことは、今の自分を見つめ直すことです。SWOT分析で自分の強みと弱みを分析し、「チャンスをいかにつかむか」という視点でスキルアップの戦略を立てましょう。SWOTとは、Strengths（強み）、Weaknesses（弱み）、Opportunities（機会）、Threats（脅威）の頭文字をつなげた文字です。

◇自分を取り巻く環境と自分の強みと弱みを確認する

SWOT分析は、自分の持っている強みと弱み、自分を取り巻く環境のよい変化（機会）と悪い変化（脅威）を把握して、どの方向に進むべきかを考えるのに役立ちます。自己の分析の観点は保有スキルや性格、考え方、体力、人脈などを考え、外部環境の変化は会社の人事施策や業界の動向、経済状態などの変化などを考えます。なお、SWOT分析の例は、表1－1のようになります。

◇強みを活かす戦略を基本戦略とする

基本的には、「強みを伸ばして積極的にチャンスをつかむ」「脅威に対して強みを活かして差別化する」方向でスキルアップを図ります。ただし、弱みを克服しないままだと、それによってチャンスを無駄にしたり、環境の悪化で大きな損失を受ける可能性があるため、数年かけてでも克服する努力をしましょう。

◉表1-1　SWOT分析の例

			外部環境の変化	
			機会(よい変化)	脅威(悪い変化)
			インターネットや個人情報保護により、セキュリティ人材の需要が拡大	Javaプログラムの製造は、人件費の安い海外オフショア(低コスト労働力)へ流れる
自己の分析	強み	ネットワーク技術やJavaプログラミングに自信あり	ネットワークセキュリティの技術を身に付けて総合的なスキルを高める	JavaプログラミングだけでなくUML設計も身に付けて差別化する
	弱み	データベース技術のスキルが低い	個人情報データのセキュリティ対策に対応できるスキルを高める	実装だけでなく、データベースモデリングのスキルを高める

スキルアップの戦略

将来のキャリアターゲットを見つける

日々の仕事に追われていては、自分の進むべき方向を見失いかねません。キャリアターゲット（目標とする人物）を見つけ、その人のレベルに近付くために必要な仕事を自分自身で作り出しましょう。

日々の仕事に流されてはいけない

近年、業務改善や新たなサービスの展開を進める上で、システムが企業の競争力を左右するようになっており、顧客は短工期・低予算での実現を求めるようになってきています。

たとえば、金融業界は「コンピュータ装置産業」といわれるほど、ITが重要な基盤となっており、短期間での金融商品の開発やリスク管理のためにはコンピュータが欠かせません。

そのような状況下で、多くのSEは残業や休日出勤が当たり前ともいえるほど、毎日の仕事に追われています。

しかし、「さまざまなプロジェクトを転々とし、キャリアは積んできたが、自分の将来を考えたことがなかった。気が付けば自分には何の強みもない」というような、思考停止状態は避けねばなりません。

日々の仕事を着実にこなすのはもちろん大切ですが、今のうちから、将来の目標を定めることも重要です。目標を定めるときに有効な方法が、キャリアターゲットを見つけることです。

キャリアターゲットを見据えて自分で仕事を作り出そう

キャリアターゲットとは、自分が「将来こんな人になりたい」と思える、目標となる人物のことです。同じ仕事をするにも、キャリアの目標を持っているかどうかで取り組み方が変わり、得られるスキルや成果にも大きな違いが出てきます。また、ただ仕事を待つだけでなく、目標に合わせて自分で仕事を作り出すことも大切です。

◇具体的なキャリアターゲットを見つける

キャリアとは、一般的に「経歴」を意味しますが、過去の結果としてのキャリアではなく、「未来のキャリア」を自ら築いていくことこそが重要です。そのためには、将来のビジョンとして「なりたい自分」をイメージする必要があります。

しかし、「ネットワークからデータベースまで何でもわかるスーパーＳＥになりたい」などと、漠然としたイメージでは現実感がなさすぎます。

そこで、まずは、自分の身近でキャリアターゲットとなる人を見つけましょう。たとえば、社内の先輩や上司、社外の仕事仲間でもかまいません。彼らの中から、自分の5年先、10年先を具体的にイメージできる身近な人を見つけることが、成長の第一歩です。

◇能動的に行動してキャリアを引き寄せる

20代前半は、一般的に経験やスキルが十分ではないため、「自分がどうありたいのか」をイメージするのが難しいかもしれません。そんなとき、日々の仕事の中で提案するなど能動的に取り組む姿勢が重要です。そのことが周りの注意を引き、自分にとって好ましい出来事が起きるようになります。

米スタンフォード大学のクランボルツ教授は、数百人のキャリアを分析した結果、「キャリアの80%は、予期しない偶然の出来事によって形成される」という結論を導き出しています。そして、計画的にキャリアを作り込むのは現実的ではないというハプンスタンス理論(Planned Happenstance Theory)を唱え、自分にとって好ましい偶発的な出来事が起こりやすくなるように、自らが能動的に行動することが重要であると説いています。

チャンスを引き寄せるためには、指示されたとおりに仕事をするのではなく、全体像を理解した上で自分の役割を把握し最善を尽くすことが必要です。そして何事についても一人称で考え、「自分だったらこうする」というようにアイデアを練り、実現可能な案を組織に提案していくことが重要なのです。

「こだわり」を持つ仕事の先に「天職」がある

キャリアの選択肢をむやみに広げても、すべてを極めるのは容易ではありません。自分の特性を自覚してキャリアアンカーを探し、目指すべきキャリアをイメージしましょう。

「何でもできる」を目指すと「何もできない」人材になる

入社して4、5年経てば、ＳＥとして、ある程度の自信がついてきているころです。しかし、多くの人は、その先、業務知識を強化してコンサルタントを目指すのか、マネジメントスキルを高めてプロジェクトマネージャーを目指すのかなど、キャリアの方向性がはっきりしていないことが多いのではないでしょうか。

何でもできるスーパーＳＥがこの世に存在しないように、「何でもできるのは何もできないのと同じ」です。むやみに選択肢を増やして「何でもできる」を追求するよりも、自分の特性に合わせて、「これができる」という強みを持つキャリアを選択しなければなりません。

しかしながら、どのようなキャリアが自分に合っているのかは不明であることが多いため、自覚している気質や行動特性、欲求などを参考に選ぶとよいでしょう。

🌐キャリアアンカーを基準に「天職」を作り出そう

キャリアアンカーとは、キャリアを選択する際に他に譲れない価値観や欲求のこと（仕事のこだわり）です。働き方を選択するときには、けっして妥協できない点（ポイント）があり、人はその点に錨（アンカー）を投げた船のように、周囲を緩やかに動いているのです。

「天職は出会うものではなく作るもの」といわれるように、キャリアは、自らが主導して形成していかなくてはなりません。そのためには、まずキャリアアンカーを見つけて、今後の自分の行動を決める指針とすることが重要です。

◇キャリアアンカーを見つける

キャリアアンカーは、会社や世の中がわかってきた入社5年目以降に形成されるといわれています。

キャリアアンカーを見つけるためには、「何が得意で、何が不得意か」「何を得たときに最も達成感や喜びを感じるか」「人生に何を求めるか」「大切にする価値観は何か」を自問自答して、タイプに合う仕事をイメージしてみてください。なお、キャリアアンカーのタイプの例は、表1－2のようになります。

◇他の人の声にも耳を傾ける

人は、自分自身のことをよくわかっているようで、実は意外とわかっていないことが多いようです。そこで、上司や同僚、家族の意見を聞くことをお勧めします。

自分がどのタイプなのかを理解してもらうためには、納得できる例や理由が必要となります。それらを他の人に話すことで頭の中が整理され、別の視点からの意見を聞くこともできます。

◉表1-2　キャリアアンカーのタイプ

タイプ	説明
技術・職能	自分の専門性や技術力が高まることを強く望んでいる
創造・独創	自分自身で製品や会社、サービスなどを生み出したい
自律・独立	組織に属さず、何事でも自分の力でやろうとする
管理・統制	組織において、より管理統制できる地位に関心がある
保障・安定	安定的に1つの組織に属することを望んでいる

「質の高い仕事」ができるまで量をこなす

「量」と「質」は、「量より質」「質より量」など、対立の概念でとらえられることが多くなります。しかし、実際の仕事では、こなした量が将来的な質を左右します。最初はあれこれ考えず、量をこなすことに専念しましょう。

「量より質」の仕事はベテランのみが成しうること

「量より質」とよくいわれます。しかし、それは、仕事の質が何たるかをわかっているレベルの人の話です。誰しも最初は仕事の素人です。初級ＳＥの場合、どれが質が高いのかを見極めるのは容易ではないでしょう。

たとえば、複数のプログラムのソースコードを見てどれが保守性が高いかを素早く評価できるでしょうか。もちろん、教科書レベルの知識でもある程度はわかるかもしれません。しかし、実際に保守作業で多くの量をこなしていなければ、その質を実践的に評価することは難しいはずです。

最初はあれこれ考えず量をこなせ

若手のうちは、目先の質を追求するよりも、目の前にある仕事を短い時間でやり切ることに専念しましょう。そして、とにかく仕事量をこなしていくことが重要です。また、量に対して効率的に進める術も、工夫する中で身に付けなければなりません。

「質」の高い仕事をするには、現在の能力に負うところが大きいので、初級ＳＥには結果を出すのは難しいはずです。しかし、「量」は、かけた時間や仕事の数で大きく増やすことができ、努力次第では無限に結果を残していけます。まずは目の前の仕事を通じて多くの経験を積み、かけた時間を自分の仕事力としていくことが重要です。

◇システムの品質は文章力に依存しがち

若手のＳＥは文章力が不足しがちです。この文章作成能力の不足がシステムの品質に大きく影響します。

たとえば、システムの要件定義書や設計書は、プログラムを開発する上で参照される情報です。文書内に、不正確な表現やわかりにくい表現が多ければ、結果として、機能の欠陥が発生したり、プログラミングの生産性が低下したりします。

文章力をより身に付けるためには、とにかく日々、文章を書く経験を積むことが大切です。業務日誌や日記、ブログなどを書き続けて定期的に見直すとよいでしょう。書き続けて量をこなすことが思考の鍛錬や表現を見直すきっかけとなり、文章力の向上につながっていきます。

◇世の天才の多くは量もこなしている

量をこなしていけば、経験の量が知識やスキルとなり、いずれは質に転換していきます。最初のうちは、質を追求しすぎずにとにかく量をこなすことが重要です。

たとえば、天才と呼ばれた人たちを例にみると、エジソンは米国の特許数で１０９３件を取得し、手塚治虫は７００以上もの作品を世に送り出しています。これらは一例ですが、多くの天才たちは、量によって才能を開花させているのです。

◇量をこなす中で切れ味のよい仕事の仕方を身に付ける

量を多くこなしていく中で、早く終わらせるための工夫をすることも重要です。どのように段取りしたら効率的かを常に考え作業方法を工夫していくことで、効率的な仕事術を身に付けることができるでしょう。そのことが、無駄のない切れ味のある仕事、すなわち「質の高い仕事」に結び付いていきます。

失敗を恐れない挑戦者が成長できる

小さな成功であれば、いきなり達成できてしまうこともあります。しかし、世の中の大きな成功の裏には、必ずといっていいほど失敗経験があります。失敗から学んだことを、成長の肥やしにすることが重要です。失敗を恐れず、果敢にチャレンジしましょう。

「失敗を避ける人」と「失敗から学ばない人」は成長しない

世の中に仕事で失敗しない人はまずいません。ただ、そこから学ぶ人と学ばない人の2種類は存在します。失敗から学んだことを成長の肥やしにできるかどうかで、次の仕事への取り組み方が大きく変わってきます。

では、大きな挑戦をあえてしないで成功を続ける人はどうなのでしょうか。「失敗は成功のもと」といいますが、G・M・ワインバーグ氏は著書『スーパーエンジニアへの道』(共立出版刊)の中で「成功は失敗のもと」とも述べています。成功を続けることがプライドを築き上げ、新しいやり方に対して防御的な姿勢をとることがあります。これが壁となって自己を革新できず、失敗に陥るのです。

🌐若手ならではのアグレッシブさを武器にせよ!

「絶対に失敗しない人というのは、何も挑戦しない人のことです」とイルカ・チェース氏（米国の女優）は述べています。

失敗できるのは若手SEの特権です。若手のうちは、ベテランSEのような豊富な経験やハイレベルな知識はありません。しかし、いわゆる業界の常識も身に付いていない分、新鮮な発想で大胆に仕事をすることができるのではないでしょうか。失敗を恐れずチャレンジしていくことで、困難な仕事を成し遂げることもできるし、貴重な失敗経験を得ることもできるはずです。

失敗を恐れず、高い目標を設定して挑戦しないことには、成功しようが失敗しようが、成長の糧となるような経験を得ることは難しくなります。また、小さな失敗を見逃さずに学習していくことも重要です。

◇「失敗を恐れないこと」は「失敗を奨励すること」ではない

誤解のないようにいっておきますが、決して失敗を奨励しているわけではありません。「失敗大歓迎」として大きな失敗をした人が、次から連勝できるかといえば、残念ながらそんなことはありません。失敗が悲惨であればあるほど、バランス感覚が崩れ、リスクに過剰反応して作業負荷をかけすぎたり、仕事をストップしてしまったりということもありえるからです。

大切なのは、失敗するかもしれないほどの高い目標を設定してあえてチャレンジすること、失敗してもそこから学びとって次に生かすことなのです。たとえ失敗しても、失敗したときほど学習効果は大きいと前向きにとらえましょう。失敗を恐れて何もしないのが一番ダメです。

◇失敗に対する免疫を作るために小さな失敗で経験を積む

大きな失敗による過剰反応を避けるためには、小さな失敗経験を積み重ねていくことが重要です。ただし、開発の最中に仕様変更が多発した場合など、何を持って「失敗」というのかがあいまいになりがちです。成功と失敗の定義を明確にし、「成功でも失敗でもない」という状態は避けなければなりません。

◇失敗を自覚することから学習が始まる

「失敗の最たるものは、失敗したことを自覚しないことである」とトーマス・カーライル氏（英国の評論家・歴史家）は述べています。何をもって「成功」というのか、その前提や目標を明らかにした上で、結果との違いを自己評価します。その結果、たとえ周りの人が「失敗」といわなくても、自分としては「失敗」であると認識したなら、前提の変化や判断ミスなどを分析して、そこから学ぶことが重要です。

成長するために時間を作って本を読む

会社の上司とは長くても4、5年程度で別れることになるでしょうから、もっと広範囲にさまざまな知識を学ぶことができる本は、一生付き合う師匠といえます。時間がないことを言い訳にせず、日ごろから本を読んで、いろいろな知識を得ておきましょう。

本当に本を読む時間はない？

ある世論調査によれば、1カ月間本を読まなかった人の約50％が、「時間がなかった」ことを理由に挙げているそうです。「会社で遅くまで仕事をして、家に帰ってきても他にやることがある。本を読んでいる時間なんてない」ということでしょうか。

しかし、たいていは「時間がない」というのは言い訳で、他のことを優先して「本を読む時間」を後回しにしているだけのことが多いようです。実際に、1カ月間まったく本を読む時間がない人は、極々少数に過ぎないでしょう。自己成長を続けるためには、時間を作り出してでも本を読むことが必要です。

本を読んで知識と経験を言語体験しよう

自己成長のためには、経験を積み重ねなければなりませんが、時間や物理的な制約の中でその機会を作るのは難しいかもしれません。

そこで、本を読むことが重要になるのです。本には他の人の経験や知識が凝縮され整理されているので、読むだけでそれらの経験や知識を言語体験することができます。本をまったく読まなければ、自らの知識を増やすのは実体験だけとなり、物理的な制約を大きく受けることになります。自己成長を続けるためには、本を読む習慣を身に付けることが大切です。

また、本を読むことは考えるということでもあります。他の人の意見を無批判に受け入れないためには、本をたくさん読み、自らの頭で考え続けなくてはならないのです。

◇本を通して自分が知らない分野にも目を向ける

本を読むに当たっては、自分がよく知っている分野よりも、できるだけ知らないことに目を向けた方がよいでしょう。筆者は心理学や文化人類学なども読みますが、初めて知ったことからヒントを得たり、知識を吸収できたりすることが多々あります。分野にこだわらず、ちょっとでも心にひっかかる本に出会ったら、迷わずその本から読んでみることをお勧めします。

◇つまみ読みして目次を頭に入れる

本を数多く読んでも、知識として定着させるのは容易ではありません。したがって、内容すべてを覚えようとはせず、本の目次を理解して頭の中に意味ネットワークを作るつもりで読むとよいでしょう。つまみ読みで充分です。本は本棚に置いておき、必要なときに、頭の中のネットワークから目次をたどり、本の該当箇所を探せばよいのです。

◇忙しいときほど勉強ができる

意外かもしれませんが、実は、忙しいときの方が勉強がはかどります。暇なときは時間管理がルーズになり、意外と勉強の時間を作れません。忙しければ頭が高速回転しており、集中力も高まっています。そのため、勉強モードに入りやすく吸収しやすい状況にあるのです。

まとまった時間がとれなくても、10分程度の隙間時間があれば本を読むことは可能です。通勤や昼休み、トイレの時間など工夫次第で時間は作れるはずです。

ＩＴ資格の取得に挑戦して鍛え上げる

ＩＴに関連する資格は多数ありますが、人によっては、資格は何の役にも立たないからと批判的なことがあります。しかし、資格が役に立つかはともかくとして、資格を取得するために行った勉強は、確実に自己の成長の糧となります。成長のために、ＩＴ資格の取得に果敢に挑戦しましょう。

資格は本当に役に立たない代物?

「資格はほとんど役に立たない」「技術は資格ではなく仕事で身に付けるべきだ」というＳＥを目にします。確かに、資格は、取得すれば絶対的な効果を発揮するわけではありません。しかし、このように職人気質なことをいうＳＥに限って、試験を受けもせずに批判ばかりし、思考が硬くて新技術を取り入れようとしないため、結果的に成長しないことが多いようです。

また、ＩＴ業界の会社の多くは、人事採用・育成や他社ＳＥの活用における評価指標として資格を取り入れています。その意味では、資格はまったく役に立たないわけではなく、業界で仕事をする以上は無視することはできないのです。

🌐資格取得のための勉強を成長の糧にしよう

資格取得のために勉強することは、体系的に知識を習得するよい機会です。ただ漫然と勉強するよりも資格取得の目的がある分、取っ掛かりやすくもなるでしょう。

また、ある程度その分野に自信があったとしても、勉強してみれば意外と知らないことに気付かされます。資格は「自分の知識レベルを評価するものさし」ととらえ、前向きに挑戦することが、自己成長のためには重要です。

◇資格試験は自分をベンチマーキングする機会である

社内で仕事をしているだけでは、どうしても他社の優秀なＳＥと触れ合う機会が少なく、業界一般として自分のスキルがどうなのか、自分のポジショニングを見失いがちです。資格受験は他流試合ともいえ、自分のベンチマーキングとして取り組んでみるべきです。

ただし、やみくもに資格を取得すればよいというわけではありません。自分のキャリアターゲットを決め、それを目標に、身に付けなければならない知識を明確にし、その目標に合った資格を選んで挑戦していくことが重要です。

◇資格試験の勉強を通して体系的な理論と即戦力を兼ね備える

国家資格の「情報処理技術者」は、特定の技術によらない理論や原理原則が基本となっており、体系的な知識を身に付けるのに適しています。一方、「ベンダー資格」はJavaやＲＤＢなど、特定の技術を対象としているのが特徴です。また、「ベンダーニュートラル資格」は、業界で標準化された技術を扱うのが特徴です。

理論を身に付けておけば、新しい技術や言語でも応用力を効かせて習得しやすくなります。また、現場で即戦力になりやすい、特定技術の資格も欲しいところでしょう。したがって、国家資格に挑戦して体系的な理論を身に付けつつ、ベンダー資格やベンダーニュートラル資格で実利をとる方針で臨むべきです。

◇資格合格はゴールではなくスタート

資格合格はゴールではなく、その資格を活かした仕事へのスタートに過ぎません。資格を取得したなら無理やりにでも仕事に活かしていく姿勢が重要です。

また、有資格者のコミュニティに入れば、他社の方と知り合うことができ、さらに勉強を続けたり人脈を形成することも可能となります。単なるペーパーライセンスに終わらせないため

◉表1-3　資格の種類と特徴

資格の種類	特徴
国家資格	ITストラテジストなど、マネジメント系もあり、理論が中心のため、資格の寿命は長い。業界内で高評価や報酬アップに結び付きやすい。
ベンダーニュートラル資格	国際的(PMP、CompTIAなど)で海外でも通じるものが多い。業界標準のため、寿命はやや長い。業界内での転職に有利。
ベンダー資格	製品のスペシャリストとして認められる。製品のバージョンアップがあるため、資格の寿命はやや短いが、現場での即効性あり。

には、キャリアターゲットを決め目的意識を持つことも必要です（24ページ参照）。

実力をアピールして自分の成長機会を得る

いかに優れた実力を持っていようとも、その実力を周りに知らしめなければ「実力がない」と思われてしまいます。実力がないと思われていては、より重要な仕事を回してもらうこともありません。成長するためには、現在の自分の実力よりも少し上のレベルの仕事をこなすようにしましょう。

実力は見えなければ評価してもらえない

本来、「実力がある」というのは何を指しているのでしょうか。それは神様が採点するような絶対的な評価ではありません。他の人から実力が「見える」からこそ、高い評価を得ることができるのです。では、あなた自身は、自分の実力をどのように他の人に見せていますか。

謙虚を美徳とする日本では、自己主張は嫌われる傾向にあります。しかし、会社は協調と競争の世界です。難易度が高くＳＥ自身もステップアップできるような重要な仕事を任せるならば、「実力がわからない」ＳＥよりも、「実力が高い」と評されるＳＥを優先するのは当然の成行です。

「実力には自信がある。きっと、そのうち誰かが認めてくれるだろう。」というように、人まかせ・運任せにしていては、成長する機会を得ることができません。

成長の機会を得るために実力をもっとアピールしよう

実力は人に伝わらなければ「ない」のと同じです。アピールしなければ、次の成長につながる仕事を得ることとすらかないません。現場や成果で実力を見せつつ、あえて実際よりも高めに見せることで、自分の成長につながる仕事を得ることができるのです。

◇実力を自己発信する

自分が日々こなしている仕事内容を上司や同僚に理解させ、実力とやる気を感じてもらわなければなりません。そのためには、仕事の様子や成果物の品質、視野の広さや意欲などを、積極的に見せることが重要です。

基本は、自己発信と社内認知に向けた行動です。山田ズーニー氏（文章表現・コミュニケーションインストラクター）は、著書『あなたの話はなぜ「通じない」のか』（筑摩書房）の中で、これを『少し引いた目で、外から観た自分をとらえ、それを「こう見てほしい」という自分の実像に近付けていくこと』と述べており、「メディア力」と名付けています。実力を自己発信するには、次のような方法があります。

●現場で仕事の様子を見せる
顧客への挨拶という理由で上司を客先に同行させ、自分に対する顧客の評価を聞かせたり、交渉の様子を見せます。

●成果物の品質を見せる
技術報告書など、自信のある資料を上司へ見せて、助言をもらいます。低いと評されても、リカバリでアピールします。

●視野の広さを見せる
バランスドスコアカードやナレッジマネジメントなど、ＩＴ経営手法の勉強会を主宰し、視野の広さを見せます。

●組織への貢献意欲を見せる
保守プロセスやクレーム処理プロセスの改善など、業務の改善提案をプレゼンテーションし、組織への貢献意欲を見せます。

◇誇大広告で自分を追い込む

実力を現在より少し「高め」に見せて、背水の陣をしくのも有効な方法です。背水の陣で自分を追い込むためには、多少は実力を誇大広告するのもよいでしょう。

自分の実力を到達したいレベルに設定して相手に伝え、公言した以上は理想に向けて必死に努力します。その努力が実力を引き上げ、さらに相手から高い評価を得て、より高度な仕事につながるというように、よい循環を作り上げることが可能になります。

この場合の注意点は、まず最初に実力を示す根拠がなければまったく相手にしてもらえないということです。したがって、あらかじめ「実力がある」と思わせる要素を、少しでも相手に示しておく必要があります。また、達成できる勝算の高い、あくまで得意分野の延長線上に留めておくべきでしょう。

第2章
本当の顧客ニーズをつかむ

顧客のよき「パートナー」として問題解決に取り組む

ＳＥが提案活動に携わるとき、顧客にいわれるまま仕事を進めるのは、単なる御用聞きでしかありません。顧客のよきパートナーとして、ともに問題解決に当たり、システムのプロとして自覚を持って提案しましょう。

御用聞きでは本当のニーズを見逃す

「お客様は神様です」というのは昔の話。システム構築では、顧客の要求通りに提案して開発し、いざ業務運用すると、「このままでは使えない」と判断されて多くの改造が発生することがあります。

システムの提供目的は、顧客のニーズに応えることです。しかし、顧客自身が自分の本当のニーズを把握していないことが往々にしてあります。また、誤った過去の古い業務知識や、製品ベンダーから聞きかじった技術的な知識に基づいて判断していることもあります。

ＳＥはシステムの構築に携わるプロです。顧客が発言する表面的なシステムへの要求だけをとらえていてはいけません。顧客が抱える業務課題の根底にある背景や目的をしっかり把握し、ITによる実現レベルを見極める必要があります。

顧客の問題解決のためのパートナーになろう

顧客の本当のニーズを探るには、顧客の発言の裏にある本質をとらえる必要があります。そのためには、顧客の目線で一緒に問題解決をするパートナーとして、顧客の業務や業界動向を理解してニーズを分析し、提案していかなくてはなりません。

◇顧客との対話で本質に迫る

顧客との間で開かれるミーティングでは、顧客はシステムで実現したいことを要求してきます。しかし、それは目的を達成するための手段に過ぎません。次のような視点で疑問を放置せずに、本質に迫ることが重要です。

- 本当の目的は何か、その結論にいたった理由は何か?
- それはシステムを導入することでしか解決できないのか?
- 他のやり方で解決する方法はないのか?

また、ミーティングのような公式の場では、形式ばった発言しか出ませんが、率直な本音は会議を終えたところから始まります。会議の場に居残って、雑談を交えつつ本音を聞き出すようにするとよいでしょう。

◇顧客の現場を見る

顧客の目線で問題解決をするためには、顧客の現場を見なくては務まりません。資料や説明で理解したつもりでも、現場に行けば、パソコンの操作状況や仕事のやり方など、業務を実感することができます。

◇顧客の業界動向に強くなる

顧客の仕事は、業務環境の変化に影響を受けます。そのため、顧客の業界の動向について把握しておくことが重要です。

近年では規制緩和が進んでいますが、業界特有の法規制は、コンプライアンス（法令遵守）の観点から業務の根底にある知識の1つです。たとえば、金融業界であれば、銀行法や証券取引法などを理解しておくことが求められます。

よい案を出すために顧客の現状を把握する

自社都合を第一にした提案は、顧客を無視した提案です。顧客の現状と自社の実力にあった提案にするために、顧客と自分を知るための努力をしましょう。

顧客を無視した提案は信頼を損ねる

提案書は、ＳＥが顧客のお金を使ってやりたいことを自分勝手に並べる資料ではありません。顧客のおかれた状況や取り扱う商品の特性、戦略の方向性やＩＴの投資規模などを勘案して、それに合わせていく必要があります。

しかしながら、顧客が中小企業なのに数億円規模の提案をしたり、事業拡大にはつながらないＩＴソリューションを提案してしまうケースがあります。これでは、その労力が無駄になるばかりか、基本的な提案力を疑われかねません。

顧客の業界によって、売上高に対するＩＴ投資率の相場が存在します。たとえば、最も投資する金融業界では、売上の約７％前後が平均的ですが、それ以外の製造業や流通業などでは、せいぜい約１％です。また、利益を稼いでいる企業の方がＩＴ投資率はさらに高くなっており、営業利益率が10％を超えるケースでは、ＩＴ投資率は、２％により近づきます。このように、顧客企業の業界や経営状態から、年間のＩＴ投資可能額を推し量り、効果的な提案をする必要があります。

顧客の現状と自社の実力に合った提案をする

男性が好きな女性にアタックするとき、その女性の出身地や好きな食べ物、好きな男性のタイプなどを聞くことでしょう。ビジネスでも同じです。まず、相手のことをよく知り、相手に合わせていくことが重要です。また、受注してから失敗しないためには、自社のことをよく知り、身の丈にあった提案をしなくてはいけません。

提案で仕事を勝ち取るためには、さまざまな情報源から顧客の現状を把握し、提案内容のミスマッチを避けなければなりません。また、仕事を円滑に進めるためには、自社の実力に合った提案内容にすることも重要です。

◇顧客の企業の現状を知る

顧客の企業の現状を把握し、提案に活かすためには、次の点について、情報収集や調査を行う必要があります。

●顧客企業の業界動向、経営戦略や情報化の傾向について

業界全般の浮き沈み、ＩＴの投資規模、何を競争力としているのかを調べます。

●事業内容や取り扱う商品、主な顧客について

事業内容や商品の展開の方向性、ＩＴの投資ニーズ、外部へ及ぼす影響の範囲を推測します。

●顧客の企業の組織体制について

顧客の社内におけるＩＴ部門の位置付け、システムのユーザーとなりうる範囲を推測します。

主な情報源としては、会社案内や有価証券報告書、顧客が属する業界の白書や業界紙などが挙げられます。また、コンピュータメーカーのユーザー研究会に入れば、事例からシステム体系の一部を知ることができる可能性もあります。

◇自社の実力を知る

顧客の現状に合えばどのような提案をしてもよいというわけではありません。自社の身の丈にあった提案内容にする必要があります。

そのためには、自社が保有する技術や業務知識、プロジェクトマネジメントなどのレベルを積極的に把握し、評価する姿勢が重要です。

打ち合わせのときは顧客の言葉を使う

提案では、得意気に専門用語を連発しても、それが顧客に理解してもらえるとは限りません。顧客のＩＴ知識レベルを見極めて、顧客に合わせて話すようにします。

カタカナ言葉で知ったかぶりをしない

「ＣＲＭ」や「ハイアベイラビリティ」など、ＩＴの専門的なキーワードを連発して製品やサービスの説明をするＳＥが多いようです。しかし、それを聞いている顧客は、本当の意味を理解しているのでしょうか。このようなキーワードは聞いた瞬間に、誰もがなんとなくわかった気になります。そのため、もっと理解しようという気にならず、定義があいまいなまま仕事が進行してしまうので危険です。

ＳＥは、自社の製品やサービスの紹介、設計内容のレビューなど、顧客へ説明する機会が多くあります。しかし、このように、顧客には馴染みのない専門用語の羅列では、容易に理解してもらうことはできないでしょう。

🌐自分の言葉ではなく顧客の言葉で話す

なんとなくわかった気であいまいなまま仕事を進めていては、致命的な誤解を生みかねません。これを避けるためには、専門用語を多用するのではなく、顧客の知識レベルに合わせて話さなくてはなりません。

ＩＴの専門家としての言葉は極力控えて、顧客にも理解しやすい言葉で平易に話すことが必要です。

◇聞き手のＩＴ知識レベルを探る

一口に「顧客」といっても、最終的に話を伝える相手は企業ではなく人であり、ＩＴスキルは人それぞれに異なります。したがって「説明する顧客側の担当者がどの程度のＩＴの知識を持っているのか」を確認しなければなりません。

たとえば、一般的にシステムの運用管理者であれば技術用語に詳しいですが、部長など経営層であればコンセプトワードには強いが技術用語には弱いことが予想できます。このような情報は日ごろ、顧客先へ通っている営業がつかんでおり、準備段階で確認しておくとよいでしょう。

また、最初の自己紹介で実績の一部を話し、それへの反応を見ることでも察しが付く場合があります。経験した技術の考察を加えて話し、相手の反応をよく観察してみるとよいでしょう。

◇専門用語はわかりやすく解説する

専門用語は、わかりやすく言い換えて説明するのが効果的です。たとえば、ＣＲＭ（Customer Relationship Management）は「顧客を個でとらえ、顧客にあった製品やサービスを提供し、長期的な関係を築く経営手法」、ハイアベイラビリティは「24時間３６５日連続稼働するぐらいの高い可用性」のようにかみ砕いて説明するべきです。

◇ＩＴのプロとして考察を付け加える

何事にも表裏があるように、専門用語もメリットの面だけでは舌足らずです。たとえば、ハイアベイラビリティはハイコストにつながりやすい上、サーバーの冗長構成を凝りすぎればかえってトラブルを引き起こすこともあります。

１つのテーマを多面的に見て、それが持つ課題や対策を自分の意見として付け加えることができてこそ、「しっかりしたＳＥ」といえるでしょう。

キーパーソンを見極めてアプローチする

顧客は企業であり、企業はさまざまなニーズを持った人の集まりです。そのため、抽象的に認識していては成功はおぼつかないでしょう。顧客の企業の中のキーパーソンを見極めて、アプローチを試みましょう。

顧客の窓口は「企業」ではなく「人」である

要求定義をする中で、相手先の担当者が変わるたびに異なる要求が出てきたり、前日に決まったことが簡単にひっくり返って右往左往させられた経験が、ＳＥならば一度はあるのではないでしょうか。顧客のために働いているはずなのに、依頼主の顧客が敵にさえ見えるかもしれません。

顧客とは、抽象的にはその相手企業全体を指していますが、ミクロな目で見れば顧客は「人」です。そのため、システムの対象や仕事の内容、おかれた状況によって、本当の意味での「顧客」（人）は異なります。それは、システムを導入するに当たって、仕様の決定、予算の承認、システムの運用責任など、さまざまな役割や権限のある人が絡んでくるからです。

ＳＥは、システムの提案や開発を進める際、顧客企業内部の体制や役割について敏感になり、個々の担当者レベルでの「顧客」の視点で組織を分析しなければなりません。そして、仕事をうまく進めるために、必要とあれば、上司を使って体制強化や担当替えを顧客へ依頼することも辞さない覚悟を持つべきです。

🌐顧客企業内でのキーパーソンを見極めよう

顧客を単なる体制図ではなく、組織体として観察すれば、誰がどのような権限で動き何を求めているのか、キーパーソンが誰なのかが見えてくるはずです。そのキーパーソンのタイプに合わせて仕事の進め方を工夫することが、スムーズに仕事を進める上で重要です。

◇顧客側の体制と要求を知る

顧客側の体制は、プロジェクトの担当・責任者、ユーザー部門や管理部門から構成されています。それぞれ、システムに対する思いや要求が異なることも多く、よく立ち回って確認しておくことが重要です。

たとえば、顧客側のプロジェクト担当・責任者は「実行予算と期間の範囲でプロジェクトを成功させたい」、ユーザー部門は「現状システムの不満点を解消し使い勝手をよくしたい」、などのように、思いや要求が異なってきます。

◇顧客のキーパーソンを見つけて対処する

顧客側のキーパーソンを見つけるためには、次の手順で取り組み、タイプを見極めて対応方針を決めなければなりません。

- 顧客会議の発言状況からキーパーソンを見つける
- キーパーソンの担当範囲や興味のある分野を探る
- キーパーソンのタイプを分析して対応方針を決める

（表2－1参照）

◉表2-1　キーパーソンのタイプと対応方針の例

タイプ	特徴	対応方針
信頼型	豊富な業務知識、社内調整がうまい。意思決定が早い	相手を傷つけないように、約束したことをきっちり守る。また報告を密にして、よい関係を維持する
暴走型	IT偏重で社内の要望を無視、意思決定に偏向性がある	ユーザー部門や管理部門と話す機会を作り、現場の要望を聞いてみる。上司との意見の相違を確認する
伝令型	上司頼みで責任をとらない行動、意思決定が遅い	一見、キーパーソンのようで実は伝書鳩。意思決定に時間がかかることを意識して仕事を進める。重要事項について報告する場を作り、上司に確認する

顧客の話を論理的かつ正確に聞き取る

すべての仕事は顧客ニーズをつかむところから始まります。顧客ニーズを正確に把握するために、顧客の話の裏の裏まで論理的に聞くようにしましょう。

真の顧客ニーズをつかまなければ成功はない

提案での顧客ニーズのヒアリングやシステム設計作業での仕様検討など、システム開発では顧客の話を聞く場面が多くあります。ＳＥが顧客の要求や思いを正確に聞き出せず、よく理解しないまま提案書や仕様書の作成をしてしまうと、顧客ニーズにマッチせず、開発案件を受注できなかったりクレームを受けたりすることにつながりかねません。

特に提案では、プレゼンテーションの良し悪しとして資料や話術が焦点にされがちです。しかし、インプットがあってこそのアウトプットです。インプットであるニーズのヒアリングが不充分なら、そのアウトプットであるプレゼンテーションも成功するはずがありません。顧客ニーズのヒアリングを成功させるためには、顧客の話を論理的に聞き取ることが大切です。

🌐顧客ニーズをつかむために顧客の話を論理的に聞き取ろう

顧客ニーズの認識違いを避けるためには、意図するところを正確に理解するよう、論理的に聞くことが重要です。また、たとえ業務知識に自信があったとしても、業界の常識レベルの内容を先入観なしに顧客に確認することができる用心深さが欠かせません。

◇質問で意図を確認する

顧客の説明内容を情報として正確に受け取ったとしても、その意図するところを理解していなければ、顧客が本当に伝えたいことがこちらに伝わっていないことになります。論理的に理解するためには、「なぜなのか」「どうしてなのか」を顧客に問う必要があります。

顧客が「こうしてくれ」といっていることに対して、「どうしてですか」と聞くのは失礼ではないかと思う人もいるでしょう。しかし、そうではありません。

理由を聞くことは、顧客の話の真意を確かめようとしていることであり、顧客への返答としても、相手の立場に立って「きちんと聞いてくれているな」と印象付けることができるのです。

◇「常識」レベルでも鵜呑みにせず確認する

業務知識の豊富なSEが陥りがちな罠があります。それは、顧客との間で「業界の常識だから」とお互いによく確認せず進めてしまうことです。しかし、開発に入ると認識違いが出てトラブルとなることが多々あります。

これを避けるためには、常識レベルと思っても、「自分の常識は相手の常識と同じではない」という認識に立ち、念入りに確認作業をすることが重要です。

◉図2-1　意図を確認するために有効な問い方

理由を問う（Why）

なぜでしょうか?
どうして必要なのですか?

効果を問う（So,What）

そうすると何がよくなりますか?
その結果、どうなりますか?

交渉の場にはゆとりを持って到着する

戦いの達人は、必ず早めに行動を起こしています。顧客との交渉の場は、まさしく戦場にたとえることができます。交渉に臨む態勢を万全にするためには、15分前には現場へ到着するようにしましょう。

相手に先を越されたら負け

打ち合わせのスタート間際に到着し、慌ただしく顧客のオフィスに駆け込み、打ち合わせのときには息が弾んで落ち着いて考えることもままならない……そんな経験はないでしょうか。

実は、到着がぎりぎりになった時点であなたは負けているのです。まず交渉に臨む心の準備が充分ではありません。次に、顧客を待たせることになれば、それだけで引け目を感じ、心理的に強く交渉を進めることが難しくなるはずです。

15分前には現場へ到着しよう

ナポレオンが唯一勝てなかったイギリス海軍のネルソン提督は「私の人生における成功のすべては、どんな場合でも必ず15分前に到着したおかげである」といっています。ネルソン提督は必ず早めに目的地に到着し、士気の統一や友軍への連絡などを怠らなかったそうです。

ビジネスシーンでも同じです。交渉の場は、気を抜くことが許されない戦場といえます。相手よりも遅れていては勝てません。相手に先んじて現場に到着し、体や心の準備を済ませることが必要です。そのためには、開始時間からさかのぼってやるべきことを考え、少なくとも現場に15分前には到着するなど、早めに行動を起こすことが重要です。

◇事前チェックを欠かさない

交渉の現場に着いたら、配布資料の種類や枚数、内容を再確認しておきましょう。ざっと見ただけでも、金額の計算間違いなど、意外なミスに気付くことが多々あります。

事前に見ておくことで、気持ちの準備ができ、不意な指摘に対してもアドリブで補足することもできます。また、本番で慌てないためにも、説明の順序について頭の中でめぐらせ、シミュレーションしておくとよいでしょう。

「打ち合わせ」という言葉は、もともとは雅楽の演奏に由来する言葉で、打楽器のリズムを合わせるために拍子をとることを指します。そのために出番前に集まり、その日の演目を確認するところから、それが転じて、「物事がうまく合うように細かいところまで確認する」という意味で使われるようになりました。今も昔も、準備が大切です。

◇体の調子を整える

慌てて会議室へ飛び込まないために、早めに到着して心に余裕を持つことも大切です。打ち合わせでは、顧客と初めて会ったときの新鮮さを忘れずに、フレッシュな気持ちで臨むことが重要です。

そのためには、現地に15分前には着き、呼吸を整え、トイレを済ませ、歯磨きまで済ませておくというような、用意周到な行動を習慣付けることをお勧めします。

また、緊張感のあるしかめっ面よりも、柔らか味のある笑顔の方が顧客も話しやすいはずです。トイレの鏡で軽く笑顔の練習をするのもよいでしょう。

自分から打ち解けて顧客の本音を聞き出す

顧客の本音を聞き出せるかどうかは、SEの永遠の課題ともいえます。対話のやり方によっては、少しでも本音に近付くことができます。自己開示することで顧客と打ち解ける努力をしましょう。

顧客の本音がわからない

「顧客の本音がわからない」というのは、提案活動に関わるSEならよく抱える悩みといえます。「顧客は複数のベンダーに、システム開発の見積もりを頼んで比較しようとしている。予算規模はどの程度なのか、我が社をどう評価しているのか」というのを直接的に相手に質問するのは難しいでしょう。もちろん、会社対会社の関係はありますが、仕事をするのは最終的には人と人です。仕事の関係だけではなく個人的に仲よくならなくては、本音を聞き出すのもままなりません。

しかし、SEの中には、顧客との会話が形式的となってしまい、なかなか打ち解けない人が少なくありません。

自己開示で担当者と仲よくなろう

顧客から本音を聞き出すためには、まず仲よくならなくてはなりません。宴会やゴルフに誘うのも結構ですが、仕事の場で仲よくなるためには、自己開示する方法が有効です。

◇自己開示で打ち解ける

自己開示とは、自分に関するプライベートな情報や価値観、考え方などを相手に言葉で伝えることです。仕事で初対面の人と会うときには名刺交換をしますが、名刺には自分の氏名や連絡先などが書かれています。これは最初に行われる最小限の自己開示といえます。

社会心理学によれば、自己開示には互恵性（互いに相手に利益や恩恵を与え合うこと）があることがわかっています。情報を打ち明けられた方は、それを好意や信頼のあらわれとして受け取り、同じように自己開示することでそれに応えようとします。お互いが自己開示し合うことで、人間関係が親密になっていくのです。

社会心理学者ルービンの実験では、その場で要求される親密さのレベルは、最初に打ち明けた方が決めることもわかっています。

◇自己開示もほどほどに

自己開示のときに気を付けなくてはならないのが、その開示が過剰にならないようにすることです。たとえば、性や財産などについて話しても、相手は無視するか、その人の常識を疑うだけです。過剰な開示は、信頼感よりも不快感を持たれることになるでしょう。

◇自己開示と自己顕示を混同しない

注意したいのは、自己開示を通り越して、自己顕示になることです。誰しも、自分をより大きく・賢く見せたいという欲求はあります。しかし、忙しい相手は、「自慢話なんて聞きたくない」のが本音でしょう。自慢になりすぎないように注意しましょう。

交渉ではお互いが得をする落としどころを探す

すべての仕事に対し、交渉が発生します。しかし、一見うまくいったように見える交渉も、実は相手に屈辱的な敗北感を与えてしまっていることもあります。相手の立場にも配慮して、双方が勝ちとなるＷＩＮ-ＷＩＮの関係を築きましょう。

交渉でのひとり勝ちは次の仕事を失う

システム開発では、価格交渉や納期調整など、顧客との間で交渉の場面が多くあります。しかし、自分の立場を大事にするあまりに議論の勝ち負けにこだわると、感情的な対立を生みやすくなります。

誰しも自分の主張やアイデアを大切にしたいと考えています。たとえ自分が間違っていたとしても、相手の意見に従うのは屈辱的でしょう。「売り言葉に買い言葉」となって議論が続き感情的な軋轢を生んでしまうと、次の仕事を受注する営業機会を失うことになりかねません。

顧客との間にWIN-WINの関係を築こう

議論の場での勝ち負けにこだわるのではなく、相手と自分の利害関係を調整することによって、相手に敗北感を抱かせない形で対決を終結させる必要があります。そのためには、お互いに利益があるWIN-WINの関係を築けるように交渉を進めなければなりません。

議論の勝ち負けに終始することなく、妥協点を見出すようにしましょう。そのためには、人ではなく問題をターゲットとして議論し、感情的な対立が生まれないように交渉をうまく進めることが重要です。

◇人ではなく問題をターゲットにする

「人」ではなく「問題」を焦点にし、なぜ議論する必要があるのか、目的を明らかにしつつ進めなくてはなりません。相手を攻撃するためではなく、あくまでもよい結果を生むために議論しているという雰囲気を作ることが大切です。

◇相手の立場に立って考える

交渉の場では、発注者と受注者、上司と部下など異なる立場の関係にあることが多々あります。したがって、相手の立場に立って物事を考えてみることが重要です。相手の意見を変えさせたいのであれば、なぜその意見に固執しているのかを徹底的に分析してみることです。

◇直接的に非難しない

相手の意見を直接的に非難するべきではありません。自分はその問題をこう感じているという表現で指摘するのです。直接「間違っている」といえば、相手は自身を否定されたことで反撃してきます。しかし、「こう感じている」といえば、あなたが感じていることを伝えているだけなので、相手もそれを嘘とはいえません。つまり、相手を怒らせずに同じことを伝えることができるのです。

◇パーソナルな人間関係を築く

交渉相手とパーソナルな関係を築くのも有効です。意図的に問題から離れて、対立関係ではない人間関係を築きましょう。そのためには、交渉の場に早めに行って、天気などを話題に世間話をしたり冗談をいったりするのがお勧めです。

◇相手の顔を立てて譲歩を引き出す

交渉の個々の合意ばかりを気にしてはいけません。複数の案件や長期に渡る交渉全体としてよりよい合意を目指すべきです。そのために、交渉の要素を分解し、一方で相手の顔を立てつつ別件で譲歩を引き出す方法が効果的です。

交渉では複数の代替案から顧客に選択してもらう

交渉の成否は、交渉の場でのテクニックにかかっていると思われがちです。しかし、実際には準備の時点でほぼ決まっているといってもよいでしょう。代替案や妥協点を充分に検討した上で、顧客自身に決めてもらえるように複数の案を用意して交渉の場に臨みましょう。

交渉の成否は準備時点で決まっている

いざ交渉に臨むと延々と議論が続き、結論が出ず悶々としたあげく、「再検討してくれ」と宿題を持たされ、また顧客のところへ通うことになる……。

このような効率の悪い交渉を続けていると、なかなか交渉が成立しないだけでなく、モチベーションも下がる一方です。

実は交渉の成否は、準備の時点で決まっているのです。提案内容を1つの方向に決めてかかっていたり、妥協点の基準が不明確だったりすると、交渉が一向に進まず結論を出すことができません。

🌐顧客自身に選んでもらうために複数の案を用意しておこう

誰しも、他の人に意見を押しつけられるよりも、自分で決めたことの方が、主体的な実行に移す意欲がわいてきます。

そこで、結論を顧客自身に決めてもらうために、複数のネタ（案）を提供するようにしましょう。また、いざ交渉に入ったときに、「どこまでなら譲歩できるのか」「相反する項目のどれを優先するのか」など、効率的な交渉ができるように基準を決めておくことが重要です。

◇あらかじめ代替案を用意しておく

問題に対する解が1つしかないと、「他によい方法はないだろうか」と相手は考えがちです。そんなときに有効なのが、複数の案をA・B・Cのように提示し、その中から選択してもらう方法です。

これにより、相手が決定しやすい状況を作り、他の案の探索へと議論が発散せずに済みます。また、相手にとっても自分自身で解に導いたという満足感があるので、この後、顧客の主体的な実行を期待できます。

◇交渉のネタを追加する

当事者間で価値の異なる条件を交渉に持ち込むことにより、合意点を探っていくことができます。たとえば、発注者から納期の短縮のみを要求されたとき、発注金額をアップしてくれれば対応するという交渉のネタを追加し、納期と発注金額の妥協点を合わせて探ることができます。

◇BATNAを決めておく

交渉前にBATNA（Best Alternative To a Negotiated Agreement）も検討しておくべきです。BATNAとは、「交渉決裂時の最善案」のことで、交渉決裂時にとりうる策をリストアップし、その中で最善の案をBATNAとします。

これにより、交渉の場に着くときに気持ちの余裕ができ、主張に迫力が生まれます。また交渉相手からの提案に対しての検討の目安にもなり、不利な条件を受け入れることを防ぐ効果もあります。

現場の意見を採り入れて問題解決を図る

顧客とのトラブルの中には、現場無視のシステム導入が引き起こすトラブルが少なくありません。現場のユーザーこそが問題を知っており、すべての出発点は現場であるといっても過言ではないでしょう。現場主義で問題解決を図るようにしましょう。

現場無視のシステム導入はトラブルのもと

情報化社会においては、業務を遂行する上で、システムの運用が不可欠であり、使用する場面や使用時間は増大しています。しかし、現場を無視したシステムを導入すると、いざ本番で使用した後に、使い勝手が悪いなどのクレームが大発生します。このようなシステムには、主に、次のような問題点があります。

- 上層部からの「あるべき論」で開発されるので、現場の要望が取り入れられていない
- 現場のユーザーが持つITスキルレベルに合わないシステムになっている
- 画面のレイアウトや操作の流れが、実際に使ってみるとわかりにくい

最近では、パートタイマーなど社員以外の人がシステムを活用する機会も増え、長く勤めていなくてもすぐに習熟できるわかりやすさが必要とされています。しかも、ちょっとした操作ミスが大きなトラブルに発展する危険性もあるため、重大な操作ミスが起こりにくい仕組み作りが求められています。

現場主義で問題解決を図ろう

SEには、現場のユーザーの視点に立って、本質的な問題を把握し、使い勝手のよいシステムを開発することが求められています。

そこで、問題点を発掘する心構えで、ユーザー視点で問題をとらえ、解決策を提案していかなくてはなりません。そのためには、現場に精通するとともに、ユーザーを味方に付け、UCD(ユーザー中心の設計)などの手法を学ぶことも重要です。

◇現場に神宿る

中坊公平氏は、著書『中坊公平・私の事件簿』(集英社新書)の中で、「現場に足を運び、五感を総動員すれば問題の本質が見えてきますし、法律だけに頼らない迫力、説得力が出てきます」と述べています。まさに「現場に神宿る」です。

中坊氏の言葉は、弁護士として、裁判の相手や裁判官よりも現場をよく知っていることから生まれる力を説いていますが、ＩＴの世界でも同じことがいえます。

つまり、現場に通い、ユーザーの仕事の流れを追わなくては、システムの本質が見えてこないということです。受注がどのように入り、それに対してどのように在庫を確認し、商品の出荷をどんなふうに指示するのか、一部始終を見る覚悟で臨むことが重要です。

◇現場のユーザーを味方に付ける

ＳＥが最初に話をする相手は、たいてい顧客の企業のシステム部門です。しかしながら、システム部門の人が現場に精通しているとは限りません。

そこで、ＳＥはできるだけ現場へ足しげく通い、ユーザーのよき相談役として問題を発掘しなくてはなりません。こうすることで、現場のユーザーを味方に付けることができ、仕事を調整しやすくなる利点もあります。

◇ユーザー中心設計（ＵＣＤ）に取り組む

近年、ユーザー中心設計（ＵＣＤ：User-Centered Designの略）が注目されており、ＳＥとしても取り組む必要がありそうです。ＵＣＤとは、ユーザビリティ（使い勝手）を最優先にする設計手法のことで、ユーザーの動きをもとに要求を分析して、画面を先行的にデザインし、システムが完成するまでユーザーからの評価を繰り返して改善していきます。

ニーズが不明のときは仮説を立てて提案する

顧客に言われるままに対応する「御用聞き」や「押し売り」のSEでは、今の世の中では通用しません。顧客視点で課題を設定してソリューションを提案・検証するアプローチが有効です。仮説検証型で提案してみましょう。

御用聞きや押し売りでは通用しない

顧客のニーズが不明確な場合、足を使った御用聞き型や、取り扱っている製品の説明に徹する押し売り型は、ほとんど通用しません。

特に御用聞き型では、顧客からの依頼の方向性が定まっていない場合には、便利に使われてしまい、自社にこれという技術や業務知識が残らないことになります。

近年では特に、意思決定のスピードが要求されており、時間をかけて緻密な答えを出すよりも、短時間であるレベルの結論を出して、アクションに結び付けることが重要となってきています。

🌐仮説検証型で顧客に提案しよう

顧客の課題を想定しない、行き当たりばったり型の提案は、ギャンブルと同じで確率論に陥りがちです。得られる効果が小さく、かけた労力も報われません。

提案する場合は、顧客のニーズに対して仮説を立てて提示し、その解決の手段として自社の商品やサービスを提供するアプローチが求められます。この仮説検証型では、仮説↓検証↓仮説↓検証を繰り返して、顧客の真のニーズにより近付くことができます。顧客のニーズが不明確な場合は、ゴールに向けて、急がば回れで着実に進める仮説検証型が有効です。

◇仮説思考でゴールへ近付く

斬新で奇抜な提案よりも、顧客に合った実現可能な提案をしなければなりません。そのためには、仮説思考による仮説検証型アプローチが有効です。

仮説思考では、限られた時間と情報の中でまず自分で仮説を立て、次に現実を見たり顧客に質問したりして、仮説とのズレをチェックします。次に、ズレの起きた原因を追求して仮説を修正し、さらに現実を見てその仮説を検証します。これを繰り返して、仮説検証を次々に積み上げていき最終的なゴールを目指します。

仮に、ある仮説が外れても1つ前に検証された仮説に戻ればよく、行き当たりばったりで進めるよりも手戻りが小さくて済むので効率的です。

仮説を立てるためには、会社案内やIR(投資家向け情報)に載っている経営方針や事業リスクを読み解いたり、業界動向・競合他社の状況などを調べたりする必要があります。これをもとに、顧客にとって必要な戦略や業務課題が何なのか、顧客の視点で仮説を考えることが重要です。

◇提案では「自分」という人間を売り込む

顧客対応は、会社の看板を背負っているとはいえ、人間対人間であることを忘れてはいけません。顧客は、最初に会うSEに対して、業務知識や技術力を値踏みするのが普通です。もし評価が低ければ、提案価格の値下げを強いられることもあります。

◉図2-2　仮説の検証

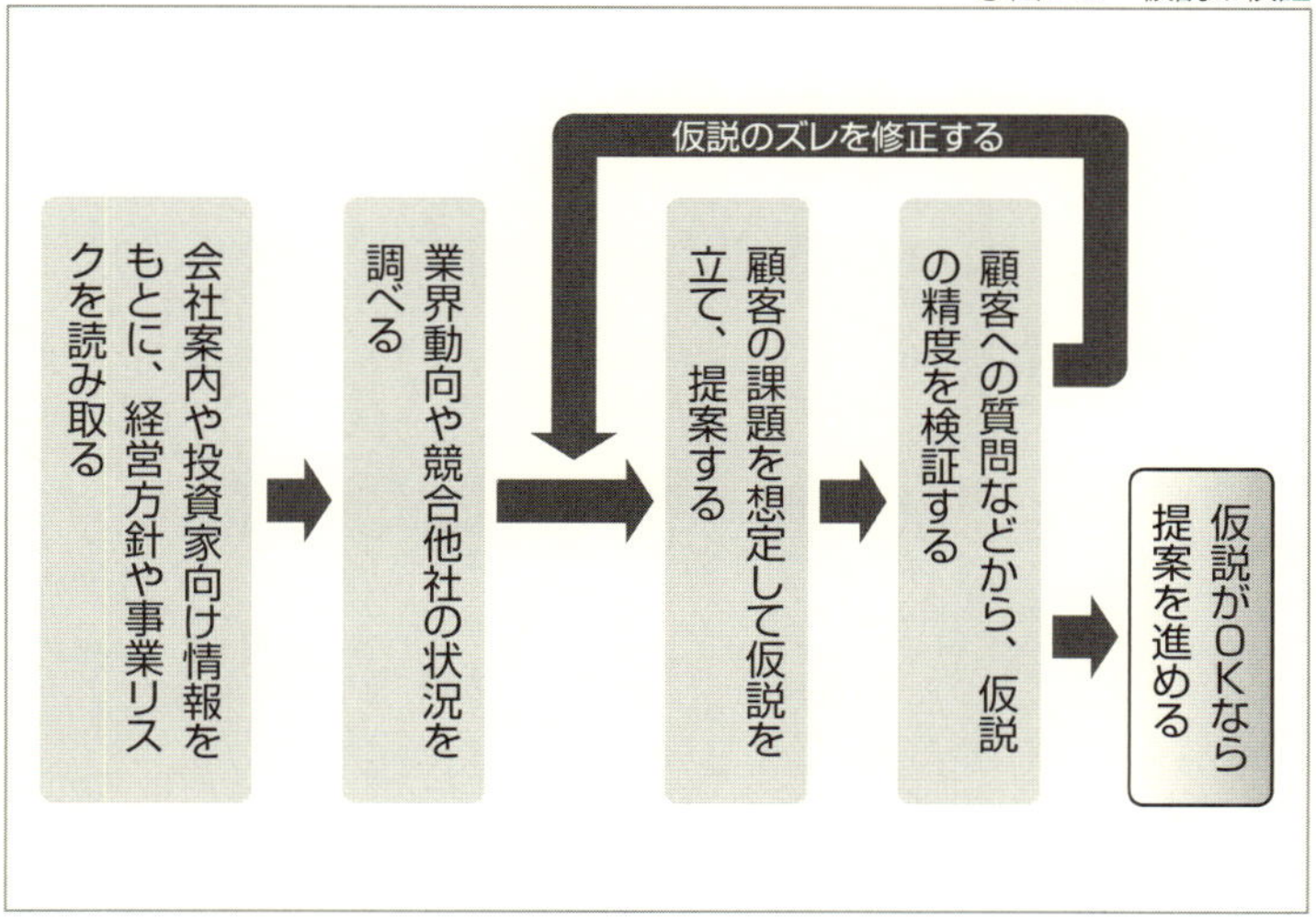

自分を売り込むためには、会う前に顧客が興味を持つ技術や領域を調べ、そつなく会話できる程度の知識を身に付けておきます。また、単なる「御用聞き」とはならないように、顧客の意図をよく確認して、ＩＴのプロとしてはっきりと意見をいうように心がけます。

業務知識を身に付けて顧客の視点で提案する

ＩＴ業界に属するからといって、ＩＴのスキルばかり追求してはいませんか。ＳＥならＩＴのスキルを身に付けるのは当然です。顧客とのコミュニケーションを促進するためには、さらに、業務知識を身に付けるようにしましょう。

SEを極めることはITオタクへの道ではない

「特定の顧客一筋に、3年以上、システムの開発に携わってきた。ＩＴの活用には自信が付いたが、気付いてみれば、他の顧客で通用する業務知識は身に付いていない」というような状況に陥らないためにはどうしたらよいのでしょうか。

ＳＥは、ＩＴのスキルさえあればよいと思われがちです。しかし、ＩＴのプロフェッショナルなのだからその知識はあって当然であり、その他に、顧客を知り、問題解決を支援するための業務知識を身に付けなければなりません。

なお、ＳＥには、業務設計をするアプリケーション系と基盤設計をするテクニカル系がありますが、程度の差こそあれ、テクニカル系とて業務知識を身に付けるということにおいて例外ではありません。顧客の問題解決を図るためには、顧客と一緒に業務面の切り口から話を進めなくてはならないからです。

SEにとって、テクニカルな知識と顧客の業務に関わる知識は、自転車の両輪のように、どちらが欠けてもダメなのです。

実用的な業務知識を身に付けよう

業務知識がなくては、顧客とのコミュニケーションもおぼつかなくなってしまいます。業務知識は、「業界動向や法規制」「経営管理の業務」「企業固有の業務」の3つの視点で意識して身に付けることが重要です。

◇業界動向や法規制

業界動向や法規制の視点で見ると、金融業界などの各業界における提携関係や競争関係、少子高齢化の進展に伴う消費者ニーズの変化や、環境保護面での規制強化など、業界環境の変化が挙げられます。また、最近では改正個人情報保護法などセキュリティ関連の法律も無視できません。

これらの知識については、市場調査の結果や日経金融新聞などの業界新聞から動向を学んだり、関係業界の人脈から情報収集することが重要です。

◇経営管理の業務

経営管理の業務の視点で見ると、財務会計や管理会計、人事管理など、どの企業にもある経営管理の業務が挙げられます。これらは、解説書や商法などの法律、ERPなどの業務パッケージから学ぶことができます。

◇企業固有の業務

企業固有の業務は、販売管理や生産管理などの考えをベースとし、その企業ならではの業務が挙げられます。身に付けるためには、解説書などで得られる一般論の知識をベースに、業務を現場レベルでとらえることが重要です。

◇生きた業界知識を得るために顧客につきまとえ

ビジネスのスピードが速い現在、書籍やパッケージから得られる業務知識もアッという間に古くなります。「活きのいい業界知識」や現場のノウハウを得るには、いわゆる業界人に聞くのが確実で、最も身近な業界人は「顧客」です。

そこで、顧客の会社を頻繁に訪れて、「多くの業界人に会う」「多くの話を聞く」ことを心がけましょう。また、オフタイムにも会えるなら、業界の裏話や顧客の本音を聞けるかもしれません。ただし、話を聞き出すには、コミュニケーションスキルが必須です。

業務知識の原理原則は業界の法律から学ぶ

企業活動は法律や規制のもとで行われています。これらの法規制の中には、顧客業務の制約となるルールが豊富に埋め込まれています。業務知識の原理原則は、これらの法律から学びましょう。

企業は法律の範囲内で活動している

企業の活動は、商法など、一定の規制のもとに成り立っています。SEが相手にする顧客も、その規制と無関係に仕事をすることはできません。

実際、企業の業務ルールの多くは、業界に関する法律に基づいています。たとえば、流通業界では消費税法に基づく対象範囲や消費税率の計算、金融業界では利息制限法や出資法に基づく貸出利率の設定方法などが挙げられるでしょう。

また、業務課題が発生する背景には、法律の改正や規制緩和などが少なからずあります。それら法規制のポイントや動向を知らずして、顧客の業務課題に的確に応えることはできません。

顧客がビジネスを展開している業界の法律を学ぼう

ＳＥは、顧客がビジネスを展開している業界の法律や規制を学び、業務課題の背景まで認識する必要があります。

法律を端から端まで読む必要はありませんが、少なくとも、改正されたり、新しく施行されたりした法律の目的や概要を把握すべきです。法律が登場した背景には、多くの顧客が抱えている課題が見え隠れしているはずです。

◇企業共通の法律やガイドラインの動きを押さえる

民法、商法、国際会計基準、税法、独占禁止法、労働三法などは、企業活動の基本中の基本です。大きな改正内容には注意する必要があります。

また、セキュリティに関する法律やガイドラインの理解も必要です。たとえば、改正個人情報保護法、マイナンバー法、特定電子メール法、不正アクセス禁止法など、セキュリティ関連の法律は、比較的、頻繁に改正が行われています。日頃から注目して情報収集をするようにすべきです。

◇業界別の法規制から業務を学ぶ

各業界の代表的な法律は押さえておきましょう。特に、近年登場した法律（本人確認法やリサイクル関連など）に着目し、その目的を理解しておきます。

◇インターネットで業界のガイドラインや自主規制を入手する

全国銀行協会（モアバンク）や日本自動車工業会、情報サービス産業協会など、多くの業界団体のホームページでは、法令遵守の観点からガイドラインや自主規制を公開しています。また、売上傾向など業界全体の動向がわかる資料もあるので、読み込んで顧客以上の「業界通」になりましょう。

◉表2-2　業界別の代表的な法律

業界	法律
金融業	銀行法、信託法、証券取引法、保険業法、利息制限法、出資法、貸金業規制法、本人確認法、金融商品販売法
流通業	大規模小売店舗立地法、百貨店法、容器包装リサイクル法、消費者保護基本法、牛肉トレーサビリティ法
製造業	製造物責任法、家庭用品品質表示法、環境基本法、大気汚染防止法、廃棄物処理法、家電リサイクル法

ＩＴ経営手法の利点を理解して顧客に提案する

ＩＴ経営手法は万能ではありません。漫然と学ぶのではなく、どの業種の何の業務に適用すれば効果的なのかを理論や事例から学びとることが重要です。ＩＴ経営手法の適材適所を熟知しておきましょう。

ＩＴ経営手法は万能薬ではない

従来のＩＴは、自動化や効率化のためのソリューションを提供してきました。最近では、技術革新によるシステム化領域の拡大によって、データウェアハウスやシミュレーションなどで経営的な意思決定を支援し、企業活動を変革するソリューションへと発展してきています。

ＩＴ経営手法には、物流のトータルな効率化を図るＳＣＭや顧客満足度の向上を図るＣＲＭ、インターネットを活用した商取引のＥＣなどがあります。

ＳＥは、次々と生み出されるＩＴ経営手法を身に付けて、仕事に活かしていかなくてはなりません。しかし、実際には、カタカナ言葉や横文字のオンパレードで得意気にプレゼンテーションし、顧客を困らせている姿も目にします。

ＩＴ経営手法はすべての顧客や業務に通用する万能薬ではありません。その本質を理解し、顧客のどの業務プロセスに適用できるのかをよく知らなければなりません。

ＩＴ経営手法の適材適所を知っておこう

ＳＥは、ＩＴ経営手法が、どの業種の何の業務に適用すれば効果的なのかを理解しなければなりません。そのためには、ＩＴ経営手法の理論や事例に精通し、同時に顧客業務をよく知ることが重要です。

◇SCM(Supply Chain Management)

ＳＣＭとは、サプライヤーから顧客までのビジネスプロセスを最適化して、資材や部品などの在庫、生産リードタイムの短縮や物流コストの削減を実現する手法です。

具体的には、小売業のイオンやアスクルが、欠品

●図2-3　SCM

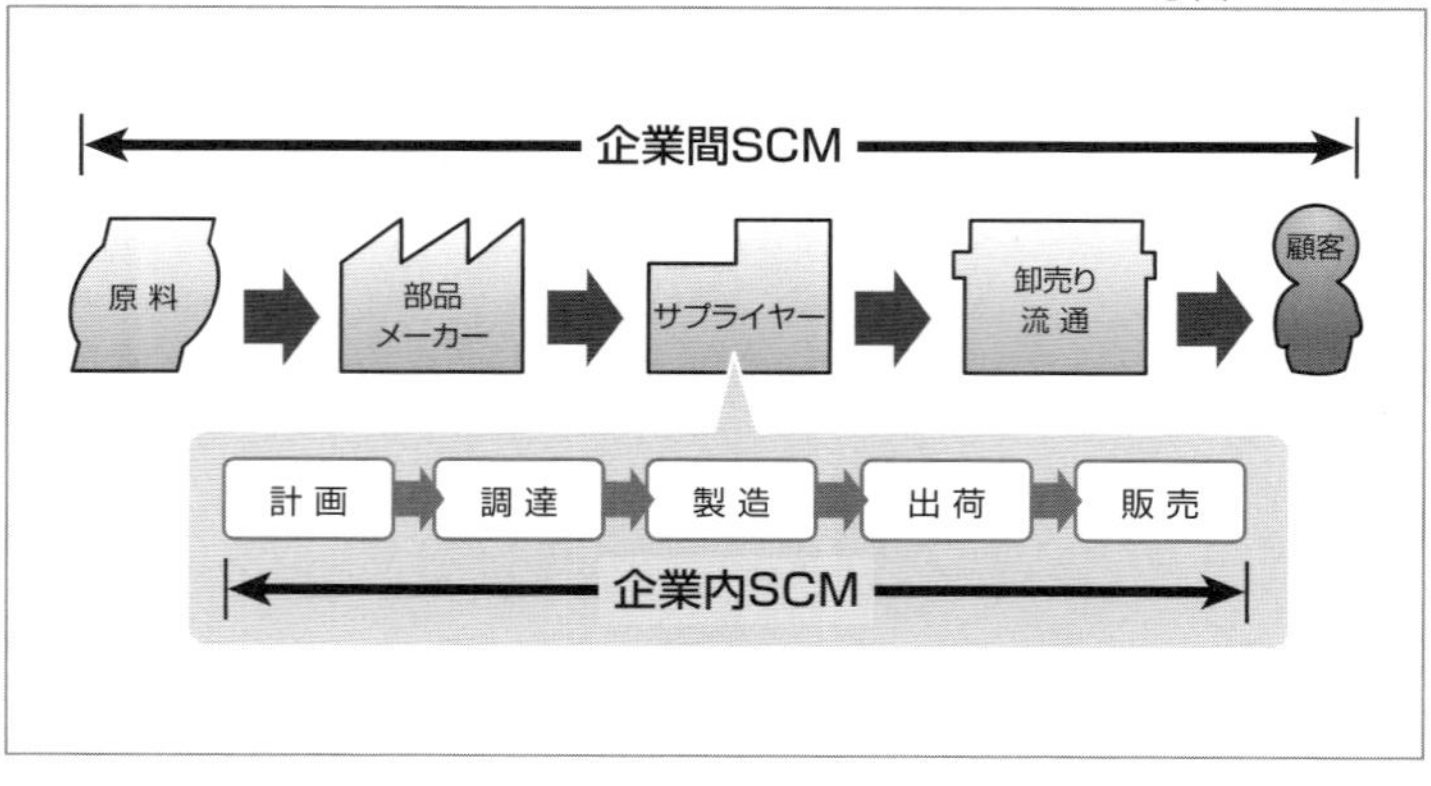

防止や在庫削減のため、需要予測や在庫補充計画に取り組んだ事例があります。

◇CRM(Customer Relationship Management)

CRMとは、顧客情報管理や分析により、企画から広告、販売、カスタマーサポートまで効果的に活動し、顧客満足度の向上を図る手法です。クレジットカード会社が利用履歴を分析したり、百貨店がポイントカードの還元に差を付けるなど、多くの事例があります。

◇EC(Electronic Commerce)

ECとは、インターネットを利用した電子的な商取引です。次のモデルがあり、標準のプロトコルや事例を理解しておくことが必要です。

- BtoB(Business To Business):企業間での受発注や支払

◉図2-4　CRM

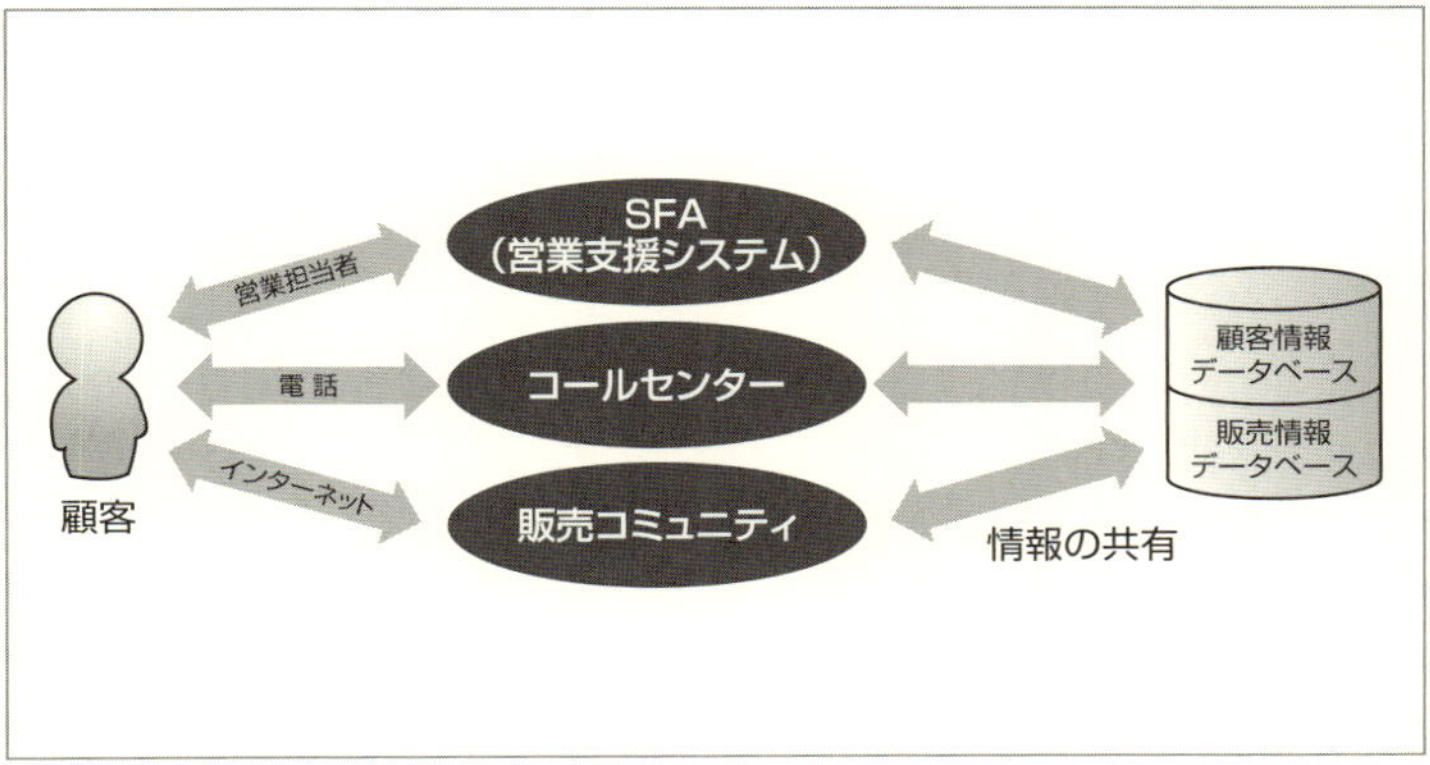

●BtoC(Business To Consumer)：ショッピングモールなど
●BtoG(Business To Government)：自治体の公共工事の電子入札
●GtoC(Government To Consumer)：自治体からの行政サービス
●BtoE(Business To Employee)：企業と社員自宅間での能力開発

提案書は設計前提資料として5W1H3Cでまとめる

提案書は、顧客ニーズを確認し、自社が請ける仕事を提案して、競争相手に勝って受注するために存在する書類です。仕事を受注するためには、５Ｗ１Ｈ３Ｃに則って提案書を構成しましょう。

提案書が役割を果たさなければ受注できない

提案書は、システムの開発を受注する前に、必ず作成して顧客へ提出する書類であることはご存知の通りです。しかし、なぜこの書類を作成する必要があるのでしょうか。

提案書には、仕事の前提を確認し、仕事を請けるためのスケジュールや費用を提示し、自社ならではの強みをアピールする、という３つの役割があります。

- システム化の目的や範囲など、提案前提を確認する
- 実行に必要なスケジュールや体制、費用を提示する
- 類似システムの実績など、自社の強みをアピールする

提案書の作成に関わるとき、見栄えや流行のキーワードにこだわって、前提となる目的や範囲を確認せずに進めてしまうと、仕事を始めてから開発規模が膨らむなどの問題が発生し、自社にも顧客にも迷惑をかけることになります。

提案書は5W1Hと3Cで構成しよう

提案時点で失敗しないために、提案書の構成に盛り込むべき要素として、5W1H3Cがあります。この要素を盛り込むことにより、前提の確認、提案内容の提示、自社のアピールが可能となり、ひいては仕事の受注に結び付きやすくなります。

◉表2-3　5W1H3Cの内容

要素		内容
5W	Why（目的）	提案書の対象とする顧客ニーズが発生した背景や目的を、前提として整理します。顧客の視点でRFP（Request For Proposal：提案依頼書）に沿って押さえることが必要です。
	What（提案内容）	顧客ニーズと、それに対する提案内容です。提案内容としては、業務改善をコンサルティングする、システムを新規に構築する、また業務パッケージを適用する、などがあげられます。
	Where（範囲）	どこまでを提案の対象としているのか、業務や既存システムとの関係、新規導入機器などの切り口で定義します。これが不明確だと、開発に入って規模が膨らむなど、問題を抱えることになります。
	When（スケジュール）	提案したシステムの開発スケジュールです。要求定義、外部設計、内部設計、製造、テストなどの工程が区別されている必要があります。
	Who（体制・役割分担）	顧客側・自社の体制と役割を整理します。顧客側の体制が弱いことが多く、実行に移ってから問題になることが少なくありません。この体制図により、責任関係を明らかにする必要があります。
1H	How（作業）	WBS（Work Breakdown Structure）で開発内容を詳細化します。具体的にどのような作業をするのか、そのアウトプットがどの作業のインプットとなっているのかが明確でなければなりません。
3C	Cost（費用）	費用見積もりの前提を押さえた上で、開発費用として、開発作業費や機器費を提示します。また、場合によっては、保守費の目安を示す必要もあるでしょう。
	Competitor（競争相手）	最近ではマルチベンダ化が進んだことで、顧客は1社のみから提案を受けることは少なくなりました。他社と比較されることを意識して、競争相手の強みや弱みを分析し、どこに差別化のポイントをおくのかを明確にします。
	Company（自社）	初めて仕事をする顧客の場合、顧客から見てもこちらは初めての取引相手なわけですから、自社の紹介が欠かせません。提案内容に関連したテーマで、自社の開発実績をアピールします。

顧客の中長期戦略を理解した上でシステムを構築する

顧客が情報システムの導入を考える場合、その背景には、顧客の企業の「経営戦略」や「情報戦略」などがあります。これらを聞き出さないことには、顧客の「真のニーズ」を理解したとはいえません。システム構築に当たっては、まず顧客の首脳陣の考えを理解しましょう。

目先の問題点ばかりに着目していると顧客の「真のニーズ」を聞き漏らす

SEは、顧客のニーズに基づいてシステムを開発し、提供するのが主な仕事です。そこで、顧客の会社を訪れ、どんなシステムが必要なのかを取材します。しかし、その取材相手は、会社のニーズ、すなわち企業戦略を見据えている人でしょうか。

SEとしては、顧客の現場に足を運び、現場の意見を採り入れることは重要です。しかし、システムの導入を決定するのは会社の上層部であり、そこには「会社の今後の方針」「企業戦略」が絡んでいるはずです。そのため、その上層部の人間の意見を聞かなくては、真の「顧客のニーズ」を聞き出せたとはいえないのです。

SEは、目先の案件（現場の問題点改善案やシステムの仕様案など）だけに振り回されず、顧客の「企業としての中長期の戦略やスケジュール」を洗い出し、経営方針を理解した上で、システムを構築しなければなりません。そうしないと、顧客に満足してもらえないばかりか、後々の事業拡大などに対応できず、システムの大幅な改造が必要になることさえあり得るからです。

情報戦略の仮説を立てる

顧客から提示されるRFP（Request For Proposal：提案依頼書）に、システムの背景となる情報戦略が前提として記述されていることがあります。その戦略や経営目標と整合のとれた形でシステムの提案をしなくてはなりません。

RFPに充分に記述されていない場合には、ヒアリングしたり、調査したりする必要がでてきます。しかし、直接的に質問できる状況にないときには、顧客企業の目線で戦略を考えてみるべきです。立てた仮説を顧客へぶつけて検証し、また仮説を立て直していけばよいのです。

◇戦略立案のための情報を収集する

情報戦略は、経営戦略としての経営方針や理念に基づき、業務をとりまく環境の変化に対応する形で立案されています。

また、戦略的な意思決定を支援するビジネスインテリジェンスや、接触せずに無線でモノを識別できるICタグなど、最新のITのメリットを、いかに享受していくかも重要なポイントです。これらの情報は、次の方法で把握することができます。

●経営理念や経営目標、経営計画を調べる

多くの企業では、経営理念や経営目標、経営計画は、企業のホームページやIR(投資家向け)資料などで公開されています。

●顧客の属する業界の動向を分析する

業界雑誌の記事や業界団体の講演会などで、主要企業の動向、業界全体に関係する規制緩和などの動向を知ることができます。

●顧客企業の競合他社の戦略を調べる

本来、企業の戦略は千差万別ですが、業界や業態である程度、類似しています。たとえば、金融業界は「護送船団方式」ではなくなったものの、横並び意識がいまだに強くあり、戦略も似通っています。

●ITの適用事例を調べる

ITの展示会やベンダーが公開している事例情報を調べることで、ITがどのような企業でどんな業務に活用されているのかを知ることができます。これと顧客企業との類似性を探してみるとよいでしょう。

顧客の視点に立ってＩＴの投資効果を分析する

システムは、「目的」ではなく「手段」です。手段の有効性を開発者としてだけでなく、当事者として意識してみることが受注につながります。顧客の視点でＩＴ投資効果を考えるようにしましょう。

システムの投資効果が読めない

システムを提案しても受注できない理由は何でしょうか。もちろん、提示した費用が他社よりも高いという単純な問題もあるでしょうが、提案内容に効果を発揮できる見込みがないことも挙げられます。

提案に当たっては、最近になって、顧客からＲＦＰ(Request For Proposal：提案依頼書)が提示されることが多くなっています。ＲＦＰには、ベンダーの提案を受けるために、目的やニーズの概要、納期、契約条件などが書かれています。

このＲＦＰの内容を前提に、ニーズをどのように実現するかは、専門家であるベンダーに任されています。これに応えるためには、実現方法について工夫を重ねると同時に、顧客にとって、この案件がどういう意義（効果）があるのか、何が意思決定の鍵なのかを探る必要があります。ＳＥは顧客視点でシステム開発の意義を再確認していかなければなりません。

顧客の視点でＩＴ投資効果を考えよう

本来、システムとは、目的を達成するための手段です。そのシステムにより有用な効果が望めないのであれば、開発する意義はありません。したがって、ＳＥは、作り手としてだけでなく、当事者としてシステムの効果を考える必要があります。

◇システムの投資タイプと評価方法を知る

システムの投資には、インフラ型投資・業務効率型投資・戦略型投資の３種類があり、投資の種類によって評価方法が異なります。

インフラ型投資は、サーバーやネットワークの導入など、インフラの設計や機器の導入設置が主な仕事です。業務の基盤整備に相当するため、投資評価は簡単ではありませんが、投資額の売上高比率などの視点で適切なレベルにあるかを他社比較するのが有効です。

業務効率型投資は、現状の業務を分析して改善点をまとめ、処理の自動化や効率化、スピードアップを図るもので、アプリケーションの開発や業務パッケージによるシステムの導入です。省力化や経費削減効果、歩留向上効果、在庫削減効果など、定量的な評価が可能であり、システム化の効果によって3～5年間で費用回収ができるかを見極めます。

戦略型投資は、CRMなどIT経営手法の活用によって、業務のあり方を変えたり、新しいビジネスモデルを創出します。KPI(Key Performance Indicator)として、顧客満足度やリードタイム短縮をあげて、その実現による受注拡大、ひいては事業成長を狙います。

◇TCO(Total Cost of Ownership)を意識する

案件をどのように投資評価するのか、顧客の視点で見ることが重要です。その際、TCOを意識するとよいでしょう。TCOは、システムの導入・維持・管理を含めたときの総費用の額を表します。

TCOには、機器や開発費などの直接的なコストだけではなく、技術習得やシステム管理者の人件費、ユーザーの教育訓練費やヘルプデスク費用など間接的なコストも含められます。

特に、最近のシステムでは、管理や維持によるコストが膨大になってきているため、TCOに注意を払う顧客が増えているといえます。

第3章

納期と品質を死守する法則

納期の死守は綿密な計画が成せる技

ドッグイヤーどころか、マウスイヤーともいわれる現代社会では、スピードを制する者はビジネスを制するといえます。それを支えるシステムの納期は絶対厳守が基本です。納期を守れるように、計画を綿密に立てましょう。

納期が守られなければ目的は達成しない

システム開発プロジェクトのうち、約70％はスケジュール延期や費用増加による失敗といわれています。納期が遅延すれば、顧客に迷惑をかけるだけでなく、その分、会社の収益も悪化することになります。

たとえば、インターネットモールのギフトショップに提供予定のシステムが、クリスマス商戦に間に合わなければ営業機会を大きく損失することになります。そのために事業計画が大きく崩れてしまえば、開発サイドが損害賠償を請求されることもあるでしょう。

顧客には、納期にこだわる理由がそれぞれあります。それは営業展開上の必要性や自動化によるコスト削減などさまざまです。ＳＥは、納期を最優先の目的の１つととらえ、その重みを意識して仕事を進めることが重要です。

綿密に「納期を守れる計画」を立てる

納期を守れないならば、その仕事を受注すべきではありません。それを見極めるためには、作業間の依存関係からクリティカルパス（余裕のない作業経路）を明らかにし、マイルストーン（検証ポイント）を設定するなど、計画を綿密に作ることが重要です。

◇計画よければすべてよし

システムの開発プロジェクトでは、定められた期間と費用で、システムを高い品質で作り上げなくてはなりません。そのためには、計画時点でＷＢＳ（Work Breakdown Structure＝作業分解図）によって開発業務をブレイクダウンし、作業の前後関係や必要な負荷を検討して、クリティカルパス（Critical Path）を明確にしつつ、スケジュールを綿密に立てることが重要です。

プロジェクトが成功するかどうかは、この計画の立て方が鍵といっても過言ではありません。後は計画に従って、遅れないように仕事をしていくのみです。

◇マイルストーンを設定する

実際に仕事を進める間にも、業務環境変化による要求仕様の変更や、適用した市販ソフトウェアの品質が予想以上に低いなど、さまざまな問題が発生します。そのたびに、計画を大きく見直していては、作業負荷も半端ではありません。

そこでマイルストーンを設定します。マイルストーンとは、顧客と約束しているレビューなど、チェックポイントを設定しておくことです。マイルストーンを設定したら、ここだけは絶対に遅れないように管理をしていきます。

なお、「マイルストーン」の語源は、長い道のりで道路や鉄道などである起点からの距離を示す石のことです。日本でいうところの「一里塚」に当たります。

◇巧遅は拙速に如かず

1つひとつの品質にこだわりすぎれば、納期を守れないことになりかねません。巧遅よりも拙速に成果物を出していくことで、推進上の問題点を早く見つけたり、外部からのフィードバックを得ることが期待できます。

ただし、急ぎすぎて品質面をなおざりにしてはいけません。品質があまりにも伴わなければ、結果として納期を達成するのも困難になるからです。

クリティカルパスを押さえる

締め切りに追われるだけでは目的は達成できません。納期を守るためには、科学的に証明できるスケジュールが必要です。そのためにも、クリティカルパスを明らかにしましょう。

納期を守れるスケジュールを作成するのは容易ではない

プロジェクトはいつも、一度きりの新しい仕事です。対象業務などが多少似ていても、過去に同じプロジェクトはなく、異なる仕様のシステムを異なるチームで開発し、異なる顧客へ異なる納期までに提供していきます。

過去と同じ作業の繰り返しではないため、過去のスケジュールはあまり参考になりません。個別の作業負荷を見積もり、そのプロジェクトに合った無理・無駄のないスケジュールを策定する必要があります。

しかし、それであっても、締め切りは意識しながら、スケジュールなしに仕事を進めるSEがいます。学生のうちはスケジュールがなくてもレポートの締め切りに追われて進めればなんとかなります。しかし、協同作業であるプロジェクトでは、1人の作業の遅れが全体作業の遅れにつながり、ひいては納期にも影響します。

クリティカルパスを見つけよう

仕事を進める前に、スケジュールを作成することが重要なのはいうまでもありません。スケジュールの作成に当たっては、勘や経験だけに頼らず、クリティカルパス（余裕のない作業経路）を明確にする工学的なアプローチで取り組むことが重要です。

◇クリティカルパス(Critical Path)を明確にする

作業をスケジューリングする手法として、クリティカルパス法があります。

作業のネットワーク図を作成すること

◉図3-1　クリティカルパスの例

作業	A	B	C	D	E	F	G	H	I
所要日数	5	3	3	3	4	4	2	2	5
前提作業	–	A	A	B	C	C	D,F	G	E

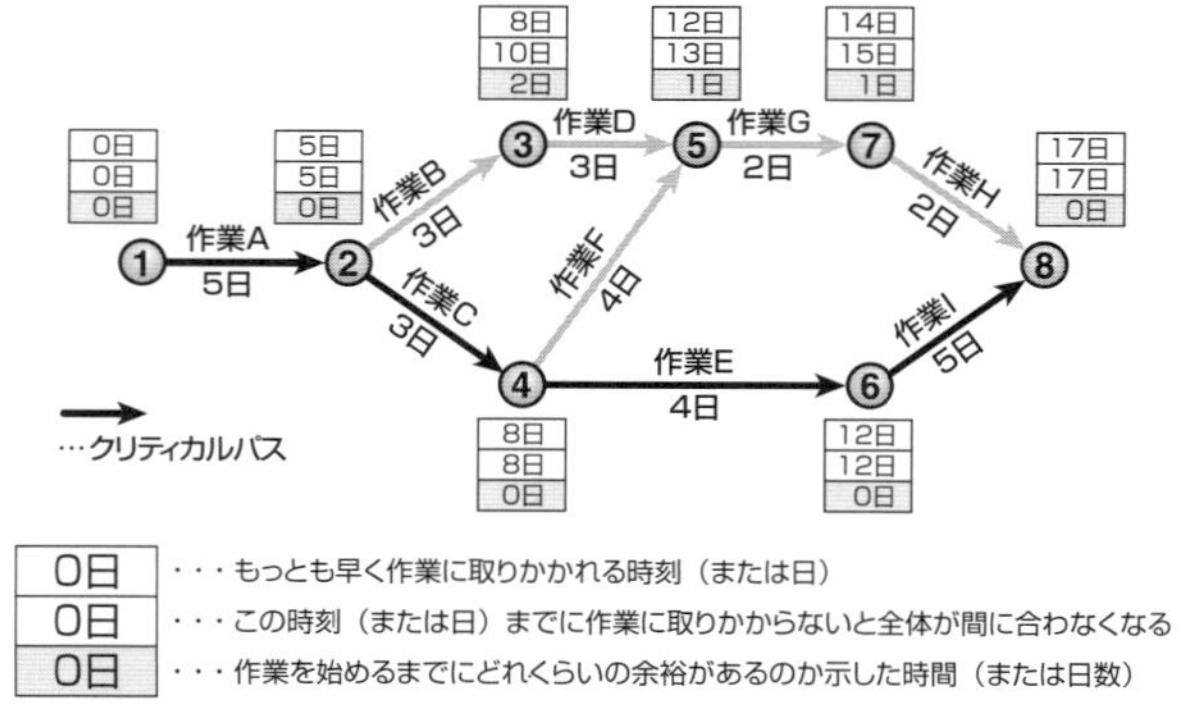

により、作業の前後関係を把握し、必要な全体作業時間やクリティカルパス(他に逃げ道がなく余裕がない作業経路)を明確にすることができます。このクリティカルパス内で遅れが発生した場合、その遅れをどこにも逃がすことができないため、後続の作業にしわ寄せとなってやってきます。そのため、クリティカルパス内で遅れが出ないように、重点管理することが必要です。

◇クリティカルチェーン(Critical Chain)法

『ザ・ゴール』の著者で有名なゴールドラット博士による、制約理論を活用したスケジューリング法として、クリティカルチェーンがあります。

ゴールドラット博士は、クリティカルパス法が個々の作業見積もりが安全余裕を見て長めに設定される一方、実際にはその余裕はすべて失われてしまう(早く終わっても報告されない・余裕があっても納期間近まで着手しない)人間心理の問題があると指摘しています。

クリティカルチェーン法では、「まず大丈夫」ではなく「厳しいがやればできる」見積もりでネットワークを作成します。安全余裕は作業の合流点や納期直前にまとめて挿入して管理可能とし、全体最適化を狙います。まさに人間の心理を突いた新しい手法といえます。

作業量を適切に見積もる

プロジェクトにおいて、見積もりは出発点です。見積もり精度を上げることがプロジェクトの計画を左右し、ひいては成功失敗を決めるといえます。見積もり精度を上げるために、ファンクションポイント法を活用しましょう。

見積もりはプロジェクト計画の出発点である

「見積もりは所詮、開発費用を要求するための代物であり、厳密にやっても意味がない」という声が、業界には根強くあります。ところが、失敗したプロジェクトを分析すると、必ず出てくるのが見積もりの精度です。

ＰＭＢＯＫによるモダンプロジェクトマネジメントの手法は、「計画」を最重視しており、見積もり結果に基づいて計画を策定し、計画通りにプロジェクトを実行していきます。そのため、見積もりがいい加減であれば、計画は絵に書いた餅に終わってしまい、プロジェクトの失敗は避けがたくなります。

また、近年では、フレームワークなどの開発部品を適用した、オブジェクト指向開発や

GUIが一般化しています。従来型のステップ数による見積もりは顧客には理解しにくく、もはや現実的ではありません。

プロジェクト計画の質を上げ、顧客にも納得してもらえる見積もりの方法を適用していくことが必要です。

FP法で計画の質を向上させよう

プロジェクトを成功させるためには、綿密な計画を立てることが重要です。そのためには、計画の質を確保するとともに、合理的かつ顧客に納得してもらいやすいFP法(ファンクションポイント法)による見積もり手法が有効です。

◇FP法とは

FP法とは、開発規模を機能数(ファンクションポイント)で見積もるコストモデルです。

FP法には次のような特徴があります。

- 外部インターフェイスに着目し、ユーザーから理解を得られやすい
- ユーザー要件に基づき、開発の初期段階における適用が有効である
- 見積もりの属人性を排除でき、安定的な見積もりが可能である
- 精度の高い見積もりが可能であるが、見積もり作業に手間がかかる

● 複雑なアルゴリズムを持つシステムは誤差が増大しやすい

◇FP法の手順

FP法では、次の手順で見積もりを作成していきます。

❶ファンクションポイントの計算(F1)

機能を表3－1の5つのタイプに分類し、ファンクションタイプ別にファンクション数をカウントします。

❷未調整ファンクションポイントの計算(F2)

ファンクションタイプ別に、複雑性(単純・普通・複雑)を評価します。

F2＝F1×複雑度(単純、普通、複雑)

❸最終ファンクションポイントの計算(F3)

システムの14個の特性を確認した上で、調整結果を反映した最終ファンクションポイントを算出します。

◉表3-1　ファンクションタイプ

ファンクションタイプ	説明
外部入力	システムの外部から入力され、内部論理ファイルを更新するデータ
外部出力	システムの外部へ出力されるデータ
外部照会	ファイルを更新せず、参照のみの外部データ
外部インターフェイスファイル	他のシステムで保守管理され、当システムから参照するファイル
内部論理ファイル	システム内部で管理する、論理的なまとまりのあるファイル

F3＝F2×（0.65＋0.01×特性合計値）

- データ通信
- パフォーマンス目標
- トランザクション量
- エンドユーザーの作業効率
- 内部処理の複雑さ
- 導入の容易性
- 複数サイトでの使用
- 機能の分散度
- 高負荷環境での運用
- オンラインデータ入力
- マスターのオンライン更新
- 再利用を考慮した設計
- 運用の容易性
- 変更の容易性

品質向上のための作り込みを後回しにしない

品質は、偶然による結果ではなく、意図的に狙った結果であるべきです。しかし、人間が作業する以上、ミスの発生は避けられません。欠陥をいち早く見つけて除去し、早い段階で高い品質を維持しましょう。

設計の手戻りは大きな追加コストが必要になる

さまざまな開発プロセスの手法が登場する中、現在でも、ウォーターフォール手法は大規模システムの開発で主流です。この手法は、上から下へと滝が流れるように作業を進めていき、次のように後戻りできないのが特徴です。

- フェーズ単位にレビューして成果物を次フェーズへ渡す
- 上工程でシステム化の機能要件を網羅的にすべて押さえる
- 下工程で要件上の漏れや誤りが出れば手戻りが発生する

プログラミングを始めてから設計内容の問題に気付き、設計をやり直すような「手戻り」は、全開発費の30~50%を消費するといわれています。

特に、最初の要求定義フェーズでは、ユーザーが実現したい目的や作業内容を分析して定義しますが、これらの要求は一般的に不正確なことが多々あります。最上流であるがゆえに、その誤りがプロジェクト全体に及ぼす影響も大きく、設計やプログラミング、運用フェーズへと進むにつれ、修正が困難になっていきます。

品質を早い段階で作り込む

「結果」としての品質ではなく、「狙った」品質にしなければなりません。そのためには、設計や製造フェーズでは欠陥が入り込まないように品質を作り込み、テストフェーズでは早期に検出して除去することが重要です。

◇早い段階で作り込む

システム開発では、作業をするのが人間である以上、ミスの発生は避けられません。ミスによる欠陥をなくすためには、早い段階で高品質に作り込んで欠陥が入り込む余地をなくし、もし欠陥が入り込んだとしても、テストで早めに検出して除去するようにします。

なお、品質を上げるために作り込むフェーズは要求定義~プログラム製造まで段階的に詳細化し、これに対応して欠陥を検出・除去するフェーズは単体テスト~運用テストまで段階的に統合化されています。これらの流れは、図3－2のようにV字のカーブを描きます。

高品質になるよう作り込むフェーズでは、設計作業を確実に進めるだけではなく、フェーズや開発範囲の単位でレビューし、品質のチェック・改善をていねいに実施していくことが重要です。

また、欠陥の検出・除去をするフェーズでは、テスト範囲に対するテストの網羅性をできるだけ引き上げるとともに、欠陥の発生状況を傾向管理し、品質レベルを見極めたり効果的な対策を打つようにします。

◉図3-2　フェーズの対応

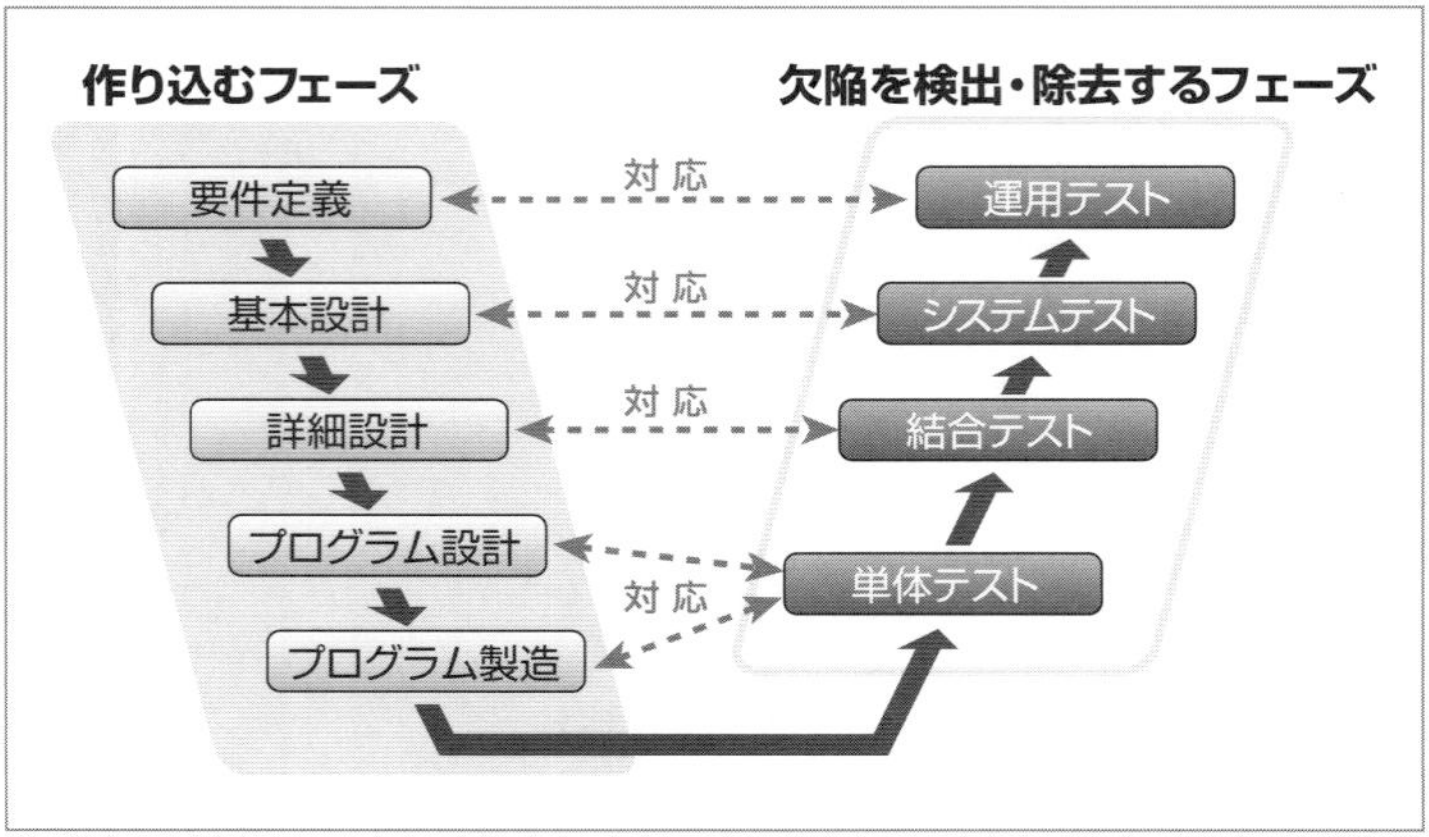

品質の最終目標を決めて作業のゴールを設定する

目標のない仕事には終わりがありません。品質管理を行う場合は、計測可能な目標を立てて取り組むようにしましょう。

ソフトウェアの「品質」には明確な目標がない

電器や機械などの製造業では、工場の品質管理において、製品の不良率を引き下げるため、シックスシグマを目標に挙げている事例が多くあります。これは、１９８０年代にモトローラ社が開発してＧＥ社が普及させた経営手法で、製品１００万個当たりの欠陥率を３、４個以下にしようという手法です。

ソフトウェアでも、このような形ではないにしろ、ある程度の品質目標を設定し、その達成を目指して開発を進めなければなりません。品質目標がないまま仕事を進めるのは、ゴールのないマラソンに似ています。到達点が不明確なため、仕事がいつまでも終わらず、スケジュール超過やコストオーバーの原因となりがちです。

品質目標を立てて評価していくためには、必要な品質特性を洗い出して、どれを優先するのかを決定し、テストフェーズにおいて検証しなければなりません。

🌐品質目標を立てて評価する

ソフトウェアの開発では、対象システムに応じてどのような品質が重要なのかを明らかにしなくてはなりません。また、仕事の完了基準を明確にするために、計測可能な指標を目標値とすることも重要です。

◇品質特性に重点を付ける

ソフトウェア製品の品質に関する工業規格「JIS X 0129」では、品質の主特性として6種類を定義しています。これらすべての品質を最高レベルにするのが理想なのですが、現実には困難です。したがって、プロジェクトに応じてどの特性を優先すべきかを検討する必要があります。

たとえば、インターネットのショッピングサイトは、サービス提供時間が長い上、個人情報を保護するための高度なセキュリティや使い勝手のよさが要求され、機能性や信頼性、使用性が重要となります。また、利用ユーザーの急速な増加が見込まれる場合には、内部品質特性であるスケーラビリティ(拡張性)も必要となるでしょう。

家電製品などに内蔵される組み込みシステムは、性能面や安全面の要求が厳しく、効率性や信頼性が重要です。また、他の製品への展開では、移植性も求められるでしょう。

◇計測可能な品質目標を設定する

品質目標の達成率を評価するためには、計測可能な指標で目標値を設定する必要があります。たとえば、信頼性は稼働率が99・5％、資源効率性はメモリの空容量が最低20％、使用性は「最大5分で商品カタログから選べる操作」などとなるでしょう。

◉表3-3　品質の主特性と定義

品質特性	定義の概要
機能性	目的に合致しており、セキュリティなど必要な機能を提供する
信頼性	障害許容性や回復性、障害による故障の回避など、指定された達成水準を維持する
使用性	理解・習得・利用しやすく、利用者にとって魅力がある
効率性	使用する資源の量に対比して、適切な性能を提供する。時間効率性と資源効率性がある
保守性	欠陥の解析がしやすく、修正や妥当性の確認がしやすい
移植性	他の組織やハードウェアなど、他の環境へ移すときに適応しやすい

性能や信頼性など見えないところも手を抜かない

システムが提供するのは目に見える機能だけではありません。性能や可用性、保守性などの非機能要求も見える形で定義しなければならないからです。非機能要求を定量化しましょう。

機能要求だけが開発対象ではない

システム開発では、受注画面などのユーザーインターフェイスや在庫量計算などのビジネスロジックなど、ソフトウェアの機能に着目して設計が進められます。

しかし、システムが完成して、いざ運用をスタートすると、「性能が悪くて使えない」「トラブルによる停止が多い」「機能改造にすぐ対応できない」など、業務運営に支障をきたすことがあります。とかく機能要求にばかり目が行きがちですが、非機能要求に対しても配慮しなければ、最終的な全体の品質を達成することはできません。

非機能要求については、暗黙の了解として顧客自身が提示しないことが多くあります。しかし、そのまま開発を進めれば、顧客の期待値と実現レベルにギャップが生じ、運用段階で大きな問題になりかねません。機能要求と同じように、定量化した上で明文化し、顧客と合意する必要があります。

システムは、パソコンやパッケージなどの製品だけではなく、手作りの開発部分も含んでいます。つまり、システム開発はサービス業であり、品質は一定ではなく受け取った顧客が品質を決めるという特性があります。

仕事をよくたとえられる住宅産業は、「クレーム産業」ともいわれます。同じにならないように、非機能要求を定量化し、顧客の期待とのギャップが生じないようにすべきでしょう。また、システムは使われてナンボの世界です。「クレームが出るのは使われている証拠」ととらえ、次のビジネスの種を探す姿勢で前向きに取り組むことも必要です。

非機能要求を満たすために定量化する

非機能要求の実現もシステム開発の一部として取り組むためには、顧客がどのような非機能要求を持っているのかを明らかにし、具体的にどの程度なのかを定量化することが重要です。

◇非機能要求を定量化する

非機能要求には、性能（レスポンスタイム、スループット）や可用性、保守性などが挙げられます。これらの非機能要求をできるだけ定量化して、顧客との間で誤解が生じないようにすることが重要です。これによって、機能要求と同様に検証することが可能になります。

たとえば、性能のレスポンスで3秒以内などの要求がある場合、次の点を具体的に決めておく必要があります。また、同時にスループットとして、サーバーで単位時間内に処理できる情報量を定義しなければなりません。

- 性能評価の対象とするアプリケーションの機能
- そのときのデータ量や同時に利用するユーザー数
- LAN環境やパソコンのスペックの前提

また、可用性では、稼働率を定量化する必要があります。稼働率は次の式で表され、正常稼働している時間を示すMTBF、故障し停止している時間を示すMTTRを合計すると、全時間になります。

一般的に金融システムなどの基幹系では、1年間で5分以内の停止が目標とされています。

稼働率＝MTBF/(MTBF＋MTTR)

なお、MTBF(Mean Time Between Failure)は故障から復旧してから次に故障するまでの平均時間、ＭＴＴＲ（Mean Time To Repair）は故障が発生してから復旧までに要する平均時間になります。

◉図3-3　MTBFとMTTR

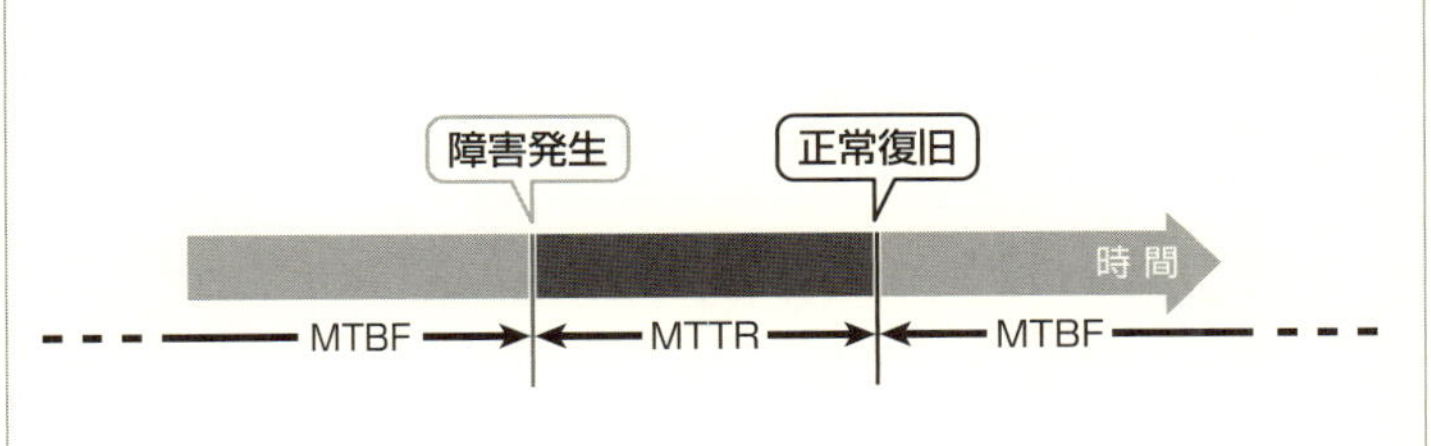

テストの網羅率を把握して現実的に品質を追求する

たった1つのバグが大きなトラブルにつながることもあります。正しくバグを検出しなければ、テストを行う価値はありません。テストカバレッジを把握して、テストに臨みましょう。

人間業である以上、バグの混入は避けられない

２００４年1月、統合ＡＴＭのトラブルが連続で発生しました。特に、1月26日のトラブルでは、全国の約１７００機関のＡＴＭで他行のキャッシュカードが使用できなくなり、混乱が大きくなりました。

この連続トラブルには、主に２つの原因がありました。１つは日付処理のバグ、もう１つは銀行間の経路管理プログラムの機能です。

人間は完璧ではなく、必ずミスを犯します。本当の原因は、バグを検出・除去できなかったテスト工程や、機能不備を指摘できなかったレビュー工程にあるといえるのではないでしょうか。

一般的に、テスト作業にかける費用は、開発作業全体の約50％もあり、そこでの作業のや

り方がシステムの品質に大きく影響します。品質に妥協していては、大きなトラブルにつながりかねません。テストを科学的に進め、リスクを見極めて対処していくことが必要です。

テストカバレッジを把握しよう

テストカバレッジとは、テストによってプログラムコードの何%を網羅したかという指標です。漫然とテスト作業を進めるのではなく、どこまでテストしたかを計測し、検証が残っている範囲を明確にすることが重要です。

◇テストカバレッジを測定する

品質目標とするテストカバレッジは、システムの特性によりさまざまです。原子力発電所やスペースシャトルの制御ソフトウェアなど、環境や人命に影響を与える可能性のある領域では、限りなく100%が要求されるでしょう。

また、一般的なソフトウェアでは実際にはカバレッジが測定されることなく、大体60%程度のテストを実施した状態で出荷されているのが現状のようです(『知識ゼロから学ぶソフトウェアテスト』高橋寿一著(翔泳社刊)より)。

◇リスクを見極めて現実的に対処する

プログラムが仕様通りに作られているかを検証するためには、プログラムコードのできるだけすべてを通る（実行させる）ようにテストを行わなければなりません。しかしながら、１００％にするのは現実的には不可能です。なぜなら、メンテナンスを重ねるうちに使われなくなったコードが残ったり、タイミングによって容易にテストできないエラー処理のコードなどが必ず存在するからです。

このカバレッジを１００％に近付けようとすればするほど、それにかかるテスト費用も指数関数的に大きくなります。したがって、やみくもにカバレッジ率を上げるのは得策ではありません。カバーできていない範囲を調査し、そこをテストしないことがリスクとなりうるのか、また、追加テストのためのテストケースを容易に設定できるのかなどを検討して、対策を打つことが重要です。

◇テストカバレッジがすべてではない

テストカバレッジが１００％だからといってシステムが完璧なわけではありません。カバレッジとは、仕様に対するテストの網羅率でしかありません。そもそもの仕様が間違っていたり、機能が不足していたりする可能性を検証したわけではないのです。それらを見つけるには、早い段階でのレビューに頼るしかありません。

開発途中での仕様変更は必ず発生するものと考える

顧客の経営環境やニーズは、随時、変化します。したがって、開発途中での仕様変更は必ず発生するという前提でのリスク管理が大切になります。

仕様の変更は必ず起きる

システム開発では、いったん決まったはずの仕様が変更になることがよくあります。

特に、大規模なシステムの開発では、開発期間も長くなる傾向にあるため、顧客の業務環境変化にともない、システム開発への要件追加や変更が起きやすくなっています。たとえば、図３－４のようなケースが考えられます。

◉図3-4　要件追加や変更の例

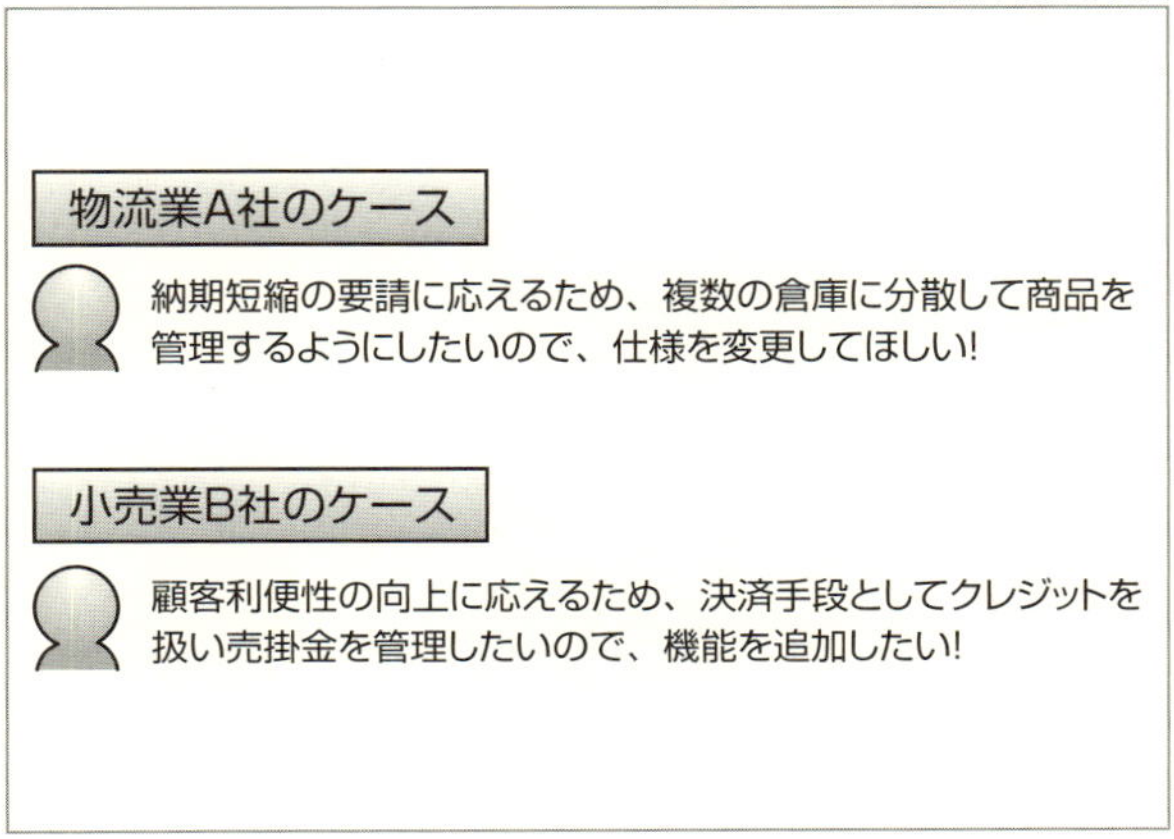
物流業A社のケース
納期短縮の要請に応えるため、複数の倉庫に分散して商品を管理するようにしたいので、仕様を変更してほしい!
小売業B社のケース
顧客利便性の向上に応えるため、決済手段としてクレジットを扱い売掛金を管理したいので、機能を追加したい!

このような仕様変更は開発負荷が増え、スケジュールにも影響するため、できれば対応したくはありません。しかし、中には先送りしてしまうと運用が成立しないこともあり、完全に避けることはできません。仕様変更は必ず発生するという前提に立ち、いかにこれらの仕様変更を管理するかが重要です。

仕様変更の管理を徹底しよう

仕様変更がないことを前提にしていると、いざ変更が発生するたびに進捗が遅れ、費用がかさむことになります。

実際には、顧客業務の変更は避けられないため、始めから変更の発生を想定しておき、仕様を凍結した後の管理方法をあらかじめ決めておくことが重要です。

◇仕様凍結と変更管理ルールを策定する

要求定義・外部設計を経て仕様検討を完了すれば、それ以降、内部設計を進めるという「仕様凍結」を宣言するのが

◉図3-5　仕様凍結の変更管理

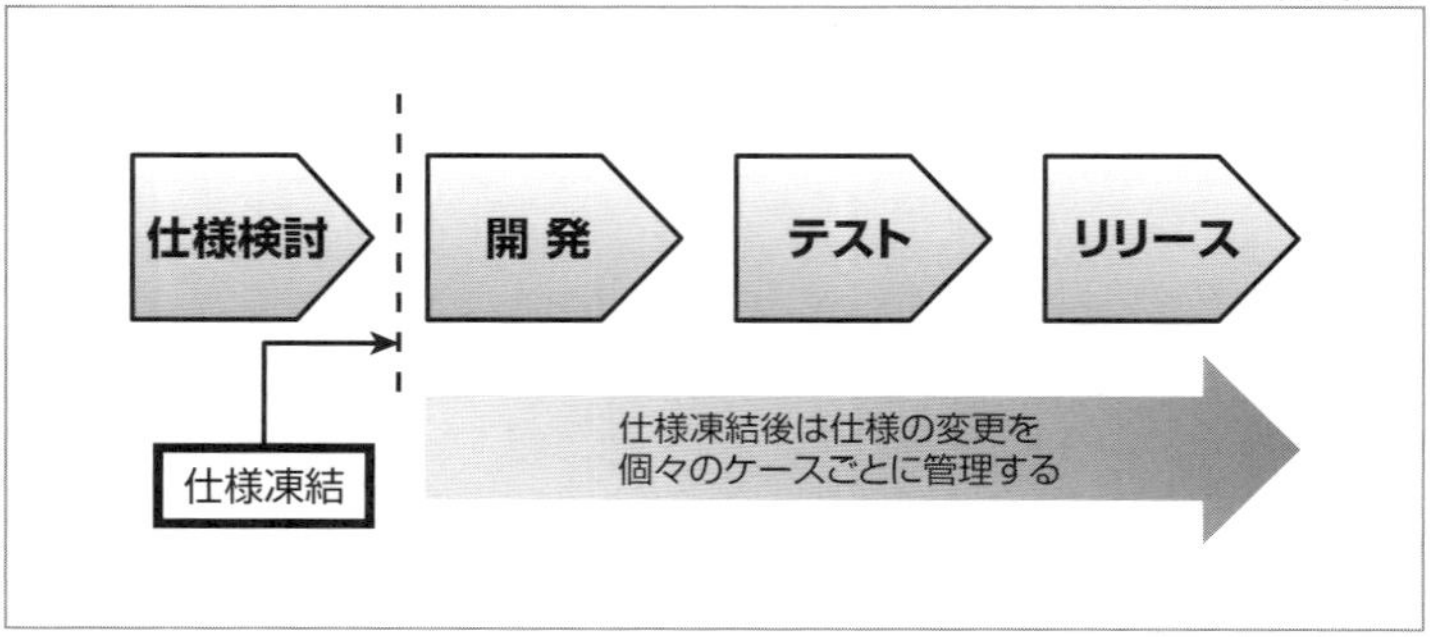

有効です。凍結後は、起きた仕様変更について個別に管理し、変更負荷・期間と業務運用へのメリットを勘案して、対応を開発プロジェクトの期間内でするのか、本番化した後に別途行うのかを決定しなければなりません。

しかし、変更の程度にもよりますが、内部設計に入って工程がテストに移るにつれ、仕様変更はますます難しくなります。なぜなら、すでに外部設計の確定情報をもとに内部設計が進められており、さかのぼって外部設計をする必要が出てくることもあるからです。したがって、仕様変更管理はプロジェクト内の運用ルールを定めて、次の点に注意しておく必要があります。

- 変更・追加の仕様は明確か、顧客側の統一的な承認があるか
- 変更・追加による影響はどの範囲か、致命的な問題点はないか
- 変更・追加の作業負荷はどの程度か、期間的に間に合うか

◉図3-6　仕様変更管理の流れ

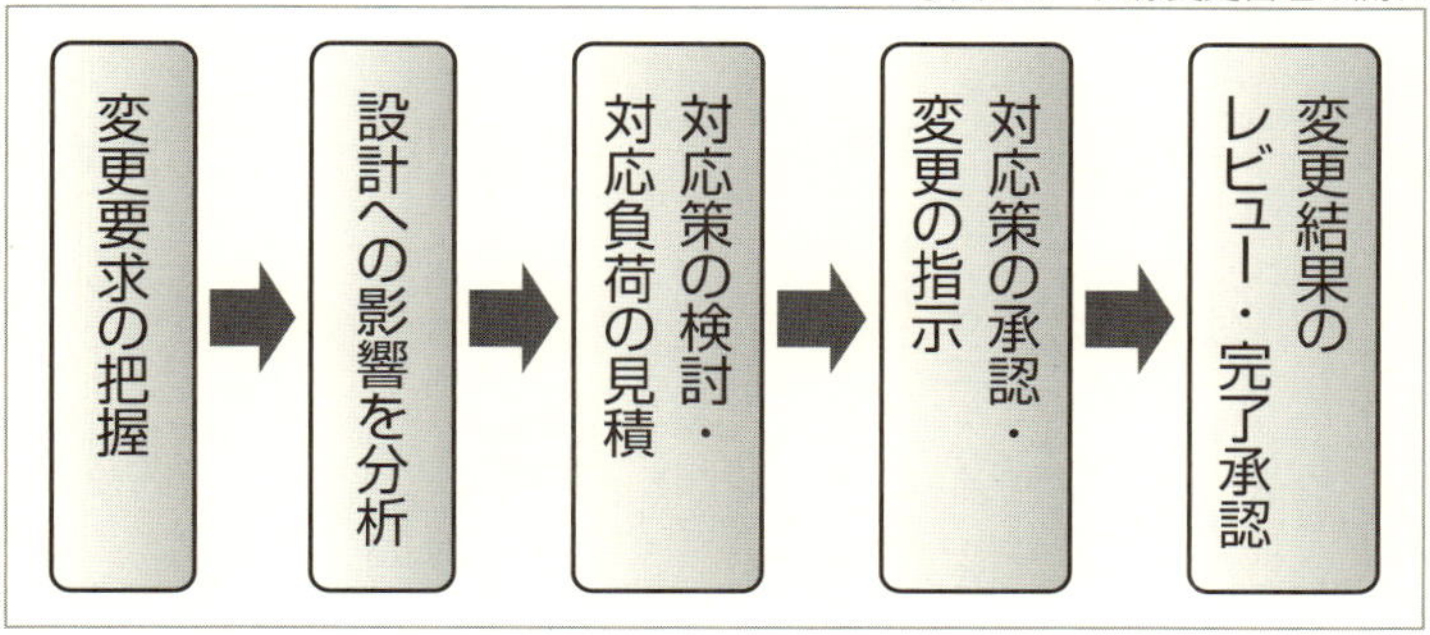

レビューを徹底的に行って問題点を見つけ出す

システム開発ではレビューが欠かせません。しかし、形式的にレビューを開催するだけでは、品質向上にはつながらないでしょう。レビューを徹底的に行い、品質の向上に努めましょう。

レビューは必要不可欠な仕事である

高い品質を確保するためには、早い段階でのチェックによりミスを発見し、欠陥を回避することが重要です。このチェックを組織的活動として行うレビューは、本来は重要性が非常に高いのですが、レビューの役割をきちんと理解して実践しているSEは意外に少ないようです。

また、レビューのために作成する文書が多すぎたり、レビューア（レビューをする人）の知識不足によりチェックの機能を果たさないなど、結果として「管理のための管理」となり、形骸化しているケースも見受けられます。

開発の進捗が遅れているからといって、レビューを省略したり、チェックする範囲を縮小したりすれば、必ず後でしっぺ返しを受けることになります。レビューは欠かすことができない節目の仕事として、効果的な方法で効率的に進めるよう取り組まなければなりません。

レビューを品質向上の足がかりにしよう

レビューは、それをやること自体が目的ではなく、レビューによって欠陥を検出し品質を高めることが目的です。したがって、品質を高めるための効果的なレビューをいかに効率的に実施するかが重要です。

◇インスペクションとウォークスルー

レビューには、公式なレビューとして実施される「インスペクション」、担当者が自主的に行う非公式なレビューの「ウォークスルー」の2種類があります(表3－4)。

インスペクションは公式レビューであり、内部的に重要な節目や顧客レビューがこれに相当します。したがって、いきなりインスペクションをするのではなく、その前にウォークスルーをして品質を高めておくことが必要です。

◉表3-4　レビューの種類

方式	インスペクション	ウォークスルー
主催者	モデレータ(代表者)	担当者
事前準備	資料を事前に配布し、出席者は目を通しておく	
結果まとめ	モデレータがまとめる	担当者がまとめる
修正方法	担当者が修正、モデレータがチェック・フォロー	担当者の責任で修正

◇レビューの成功原則

効果的なレビューを効率的に実施するためには、次の点に留意するとよいでしょう。

●チェックリストの整備

どのようなポイントでレビューすべきかをあらかじめ知らせておきます。これによって、レビュー前の自主的なチェックや修正も可能になります。

●レビューの計画的な実施

成果物の完了タイミングにレビューを設定し、レビュー結果による修正期間も考慮します。

●問題の検出に留める

問題だけではなく、解決策まで議論し出すと、多くの場合で時間切れになります。解決策は別途、検討するようにします。

●適切なレビューアの選定

レビューできる人を、内部だけではなく、必要であれば他の部署からも選定して出席してもらうようにします。

●人事考課とは切り離す

ミスの多さから業績を評価してしまうと、フランクな指摘ができなくなります。そのため、人事管理者を出席させないようにします。

リスク管理を行ってプロジェクトの失敗を防ぐ

情報システムの開発では、さまざまなリスクが存在します。「リスクはない」という認識で仕事に取り組めば、必ずしっぺ返しを受けます。リスク管理を徹底しましょう。

情報システム開発の失敗はリスク管理の失敗?

開発した情報システムのうち、約70%がコスト超過や納期遅延により失敗であるといわれています。

失敗の原因はさまざまですが、おおむね次のような内容です。これらは、情報システムの開発に取り組むときに直面する潜在リスクの一部です。

- 提案時の見積もりミス、開発側に一方的に不利な契約内容だった
- 顧客側体制の不備、要求仕様の変更が多く対応不可能だった
- 実現の可能性を評価できていない未成熟な新技術を適用した
- 開発メンバーのスキル不足、プロジェクトマネジメントを失敗した
- 大規模システムにもかかわらず、短期間での開発を敢行した

ワインバーグ氏は、著書『コンサルタントの秘密』（共立出版刊）の中で、「惨事はあり得ないという考えは、しばしば考えられない惨事を引き起こす」と述べ、これを「タイタニック効果」といっています。リスクを管理しなければ、リスク発生による影響を見込めず損害賠償を請求されるなど、組織に大打撃を与える可能性もあります。

リスクがなくならないならリスクを管理しよう

リスクを完全に防ぐことは難しいですが、管理することはできます。不確実性の時代、リスク管理をいかに行うかが重要です。そのためには、リスクを目に見えるようにし、適切な対策方針を立てなければなりません。

◇リスクを把握する

リスクは、ハードウェアの障害など不測事態によって発生する損害の可能性です。これを事前にある程度、予測しておかなければ、不測事態が発生した際に適切に対処できなくなります。リスクは一般的に次の式で表されます。

リスクの大きさ＝被害の大きさ×発生確率

この式を使って、証券取引所の障害を例に計算してみましょう。2時間のシステム停止により株式の売買が停止し、経済的損失が1億円、年に1回発生すると発生確率は0・2％程度です。1億円×0.002＝20がリスクの大きさとなります。同様に、個人情報が漏洩したケースなども計算し、リスクの大きいケースから優先して対策を打ちます。

◇リスクに対処する

リスクへの対策方針は、発生時の損失と可能性の大きさに応じて、次の4つの中から最適なパターンを選ぶ必要があります。

●回避

リスクが発生しないように、その行為を止めたり、他の行為で代替させます。

●軽減

リスク発生の可能性を低減させたり、損失が最小限になるようにします。

●移転

リースやアウトソーシング、保険など、契約によって損失の負担を他社へ移転します。

●保有

リスクが小さいため、対策を打たず、リスク発生時の損失負担を受け入れます。

◉図3-7　リスク対策

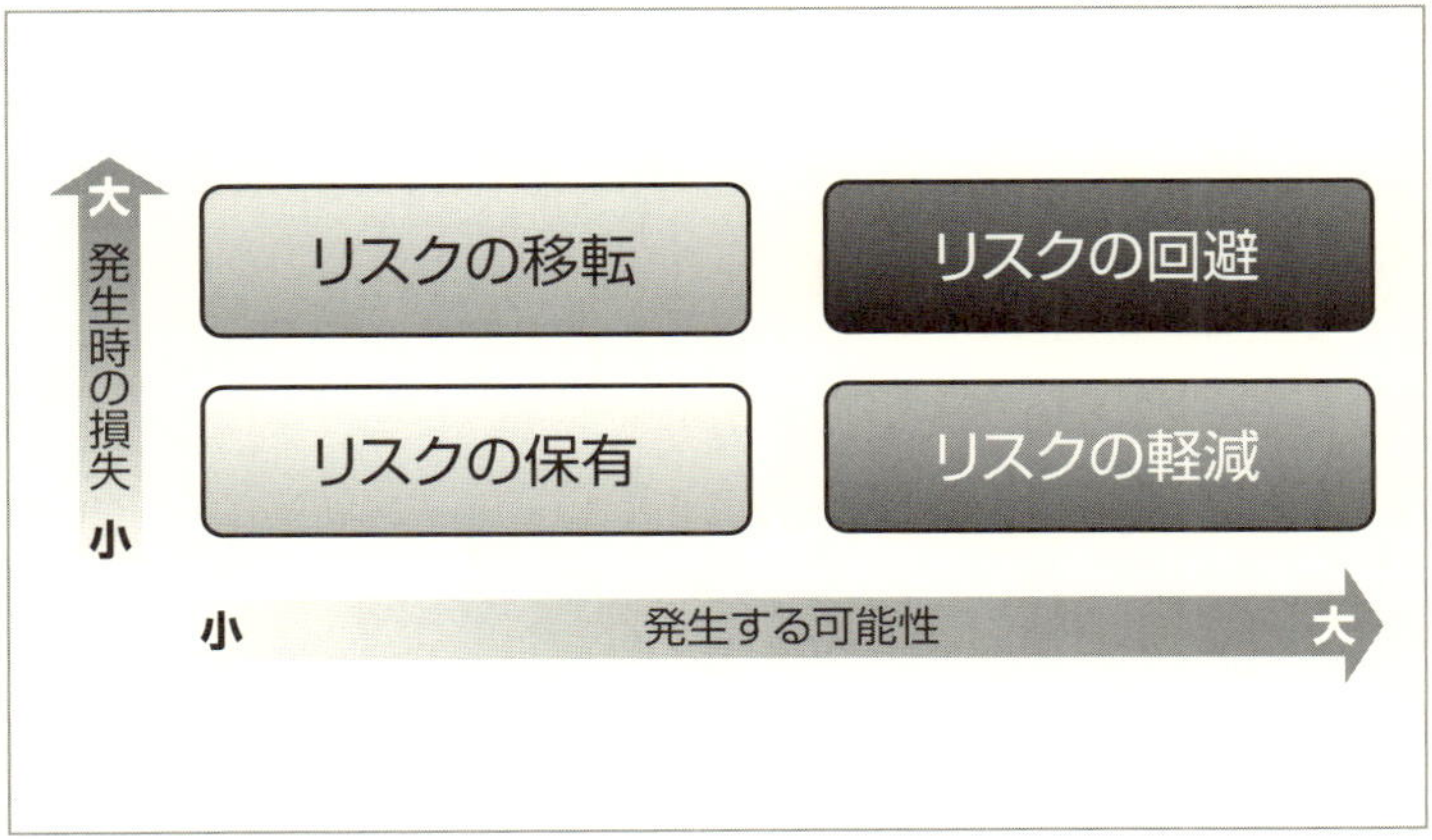

独りよがりの「完璧主義」で全体を停滞させない

世の中に完璧な人が存在しないように、人によって作り出されるシステムも完璧ではありません。仕事の全体感を見通して、一部の作業の遅れが原因で組織の仕事の流れを止めないようにしましょう。

完璧主義は仕事の流れを止めてしまう

K・E・ウィーガーズ氏は、著書『ソフトウェア要求』（日経BP社刊）の中で、「顧客に求められてもいない高い品質を追求すること」を「金メッキ」と述べています。たとえば、顧客の要求する機能は満たしているのに、時間をかけてソースコードを洗練させるなど、技術屋として完璧を追求するのは自己満足に過ぎません（ただし、例外的に、保守上、必要なケースもある）。

仕事には並列で進められることと、直列で進められることがあります。直列で進める仕事は、自分が止まると、後ろに控える人の仕事が止まってしまいます。

システム開発はチームでする仕事です。プログラムを作成したら単体でテスト、次に複数のプログラムを組み合わせたテストというように、1つの仕事の後には次の仕事が待っています。

1人が完璧主義でいると、全体がなかなか次の仕事へ移れず、結果として、会社や顧客にも迷惑をかけることになります。

自分の仕事の影響範囲を理解しよう

仕事がチームで動いている以上、自分が抱える仕事だけを追ってはいけません。プロジェクト全体の中における位置付けを理解し、影響範囲を考慮して円滑に進めることが必要です。

◇仕事の位置付けを認識する

仕事の全体像を見通すためには、システム開発業務の中で、担当部分の位置付けを認識することが重要です。たとえば、担当するシステムのブロックは他のブロックにどのような影響があるか、担当作業は他の作業とどのような前後関係かということです。

プロジェクトでは、WBS(Work Breakdown Structure＝作業分解図)によって開発業務をブレイクダウンし、各SEやプログラマに仕事を個別に割り振っています。このWBS全体を理解して、仕事の全体像を見通しながら仕事を進めなければなりません。

◇自分の仕事をさらに分解する

ＷＢＳは、プロジェクトの計画を自分の担当部分の段取りに落とし込んでいく際にも有用な手法です。たとえば、プログラム製作を担当するとした場合、「データ構造を検討する」「アルゴリズムを検討する」「コーディングする」という仕事に分解できます。

完璧主義の人は、自分の仕事がすべてが終わらないと報告しない人がほとんどですが、それでは問題への対応も遅くなります。自分の仕事を分解し、上司へ細かく報告することも大切です。

◉図3-8　WBSの例

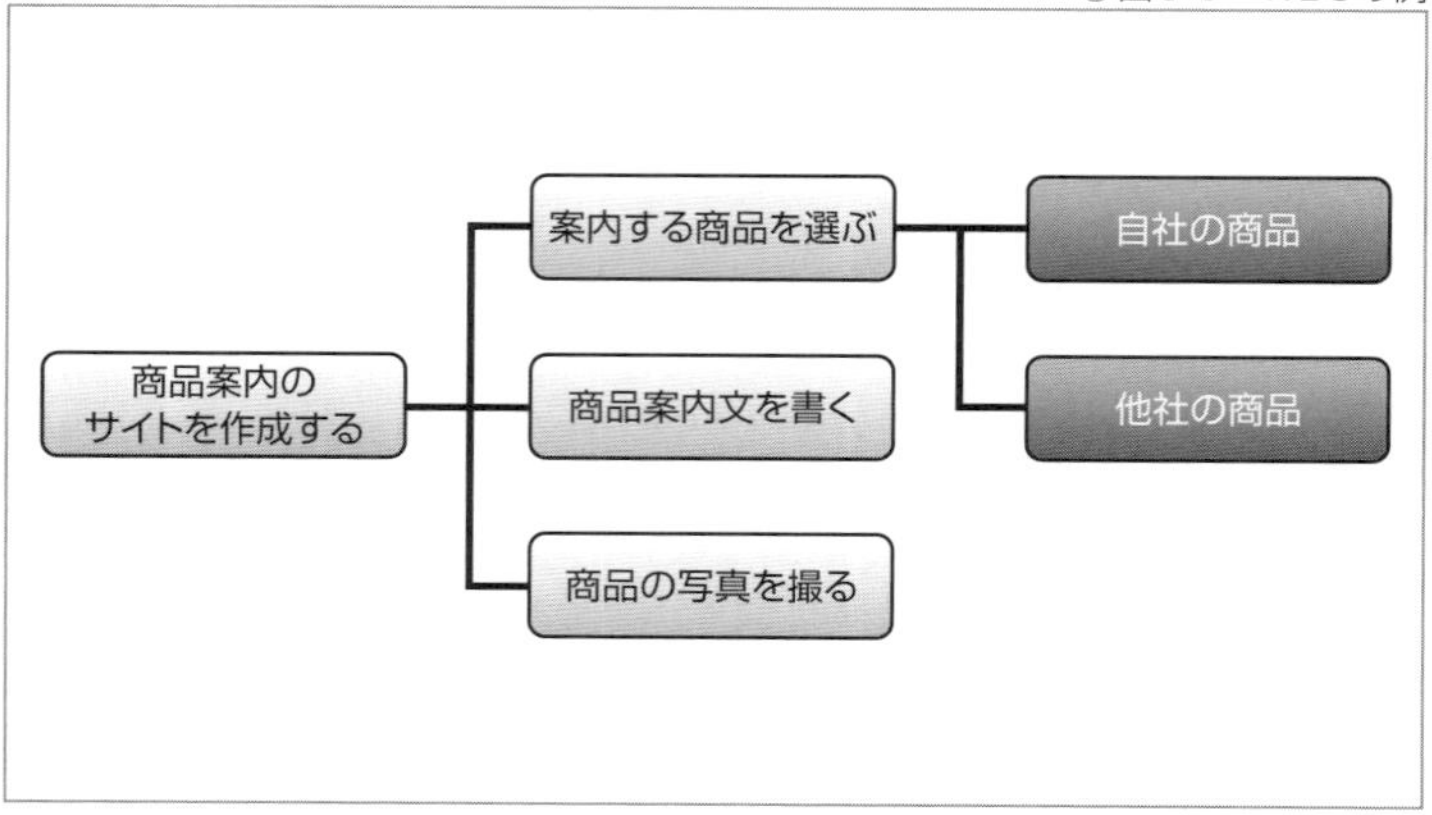

勘や経験だけに頼らず論理的にプロジェクトを進める

ＫＫＤ（勘・経験・度胸）に依存したプロジェクトマネジメントでは成功はおぼつかないでしょう。実質上の標準マネジメント手法「ＰＭＢＯＫ」を、自らの武器として活用するようにしましょう。

ＫＫＤに頼っていては失敗する

情報システムは、業務ルールを論理的に記述し、ソフトウェアとして動かしています。建築物とは異なり、進捗や成果を目で確認することが容易ではありません。だからこそ、進捗や課題を把握し対策を立てるために、プロジェクトマネジメントの重要性が大きいといえます。

現状を見渡してみると、ベテランＳＥによるＫＫＤ（勘・経験・度胸）に依存したプロジェクトマネジメントが多く見受けられます。しかし、変化の激しい環境では、過去の経験を活用するだけでは成功するとはいえません。管理手法を標準化し、組織として実行していくことが重要です。

近年、プロジェクトの短工期・低予算化が求められており、IT業界ではプロジェクトマネージャーの不足が声高に叫ばれています。プロジェクト管理手法は、SEがキャリアアップを考える際、身に付けるべき必須スキルの1つといえます。

標準手法PMBOKを活用せよ

米国PMI(Project Management Institute)が「PMBOK」としてまとめた知識体系が、モダンプロジェクトマネジメントのデファクトスタンダードとして普及しつつあります。自己流ではなく、スタンダードを学ぶべきです。

◇PMBOKによる9つの管理視点

PMBOK第6版(2017年発行)では、プロジェクトマネジメントを次の10の知識エリアに分けています。

●スコープマネジメント

プロジェクトの計画時点で仕事のスコープ(範囲)を決めます。また、大規模で長期にわたるプロジェクトほど、顧客の業務環境変化にともない、システム要求の変更が起きやすく、その変更内容の管理も含まれます。

●スケジュールマネジメント

プロジェクトの成果物を作成するために必要な作業をブレイクダウンし、WBS（作業分解図）を作成します。次に作業の前後関係を整理した上で、完了するために必要な期間の設定などを行い、スケジュールを作成します。

●コストマネジメント

プロジェクトの作業を実行する上で必要となる資材や要員などのリソースを見積もります。この見積もりを予算化し、オフィス代やソフトウェア、人件費など、日々の支出を管理しつつ、変更が起きれば計画を見直します。

●品質マネジメント

計画時点で品質項目や目標を設定して成果物を検査し、目標が未達成ならば改善します。また、開発プロセス自体の監査と、その改善も行います。

●リソースマネジメント

プロジェクトで作業する要員の役割と責任を明確にし、必要な人材について社内や社外から調達します。また、プロジェクトメンバーの技術教育をしたり、モチベーションを上げるための報酬や表彰を行い、チーム育成を図ります。

●コミュニケーションマネジメント

プロジェクトには、顧客やプロジェクトメンバー、製品ベンダーなど、多くのステークホルダーが関わっており、これらステークホルダーとの情報共有の場として、会議や配布文書などを企画・計画し実行します。

●リスクマネジメント

見積もりの誤差、適用する技術が未熟、要求仕様の大きな変更が起きるなど、プロジェクトにはリスクがつきものです。このリスクを抽出してプロジェクトへの影響度を定量的に分析し、対応策を決めて計画に組み込みます。

●調達マネジメント

実行に当たり、必要となる要員や機器などについて、外部からの調達計画を作成します。入札による引合で、評価基準に従って発注先を選定します。また、実行時の紛争を避けるため、契約管理により法的責任を明確にします。

●ステークホルダーエンゲージマネジメント

自社内の責任者や顧客、開発の一部を担うベンダーなど、各種ステークホルダーとどのような関係を持つか、適切にコントロールする。

●統合マネジメント

要求仕様が増えれば開発負荷が増えスケジュールにも影響します。１つの変更がさまざまなマネジメント領域に影響するため、統合的に変更を管理する必要があります。また、過去のプロジェクトの教訓を計画に反映します。

第4章 仕事力を高める法則

時間という資源を徹底的に洗い直す

時間を管理できなければ、何事も管理できません。まずは、自分の時間の使い方を把握し、仕事の時間を整理しましょう。

時間は最も希少な資源

経営資源といえば、古くからヒト・モノ・カネといわれてきました。最近では情報化の進展により、第4の経営資源として「情報」をあげることもできるでしょう。しかし、最も希少な経営資源は、「時間」です。なぜなら、時間は取り戻すことも、お金で購入することもできないからです。

そのため、時間の管理如何で、仕事の成否が決まるといっても過言ではありません。しかし、仕事に取り組むとき、「時間がない」の一言で片付けるSEが多いようです。

時間がないというのは、そのために使う時間がないということであり、優先順位を後回しにしているということに他なりません。パレートの法則によれば、全体の仕事のうち重要な2割をこなせば、仕事の成果の8割を生み出していることになります。重要な仕事には、時間をもっと割くべきなのです。

タイムマネジメントを徹底しよう

最も希少な資源である時間の管理（タイムマネジメント）ができなければ、仕事をうまく管理することもままなりません。時間を有効に使うためには、現状の時間の使い方を分析し、仕事を整理して、無駄な仕事を捨てる必要があります。

◇計画よりも実態を分析する

一般的には、「まず仕事を計画することから始めよ」とよくいわれます。しかし、計画は紙に残るだけで、きちんと実行されることが少ないのではないでしょうか。

そこで、計画からスタートせず、まずは時間消費の実態を記録することからスタートします。時間消費の実態を記録することで、仕事のうち、何に時間がとられているかを明らかにすることができます。

次に、記録した内容をもとに、儀式的に行っている報告など、時間を無駄にしている作業を洗い出します。そして、もっと優先すべき重要な作業に割り当てるようにします。これによって、仕事の整理と時間の捻出が可能になります。

◇捨てるべき仕事もある

仕事を整理したら、必要のない仕事を見つけて捨てなくてはなりません。その際、「もし、この仕事を行わなかったらどうなるか」を考えるとよいでしょう。影響が大きくないと考えられるのであれば、それは実は必要性の低い仕事なのです。

また、「自分ではなく他の人でもできる仕事は何か」「自分がやっていることが他の人の時間を浪費していないか」という視点で見つめ直すことも必要です。この結果に基づき、他の人に仕事を委譲したり、他の人とのコミュニケーションのやり方を変えたりすることも、組織で仕事をしている以上、重要な取り組みになります。

仕事の重要度・緊急性に応じて時間を配分する

仕事の優先順位は、重要かどうかよりも緊急性で判断されがちです。しかし、重要な仕事を後回しにすると、よい結果は生まれません。すべての仕事の重みは同じでないことを認識し、仕事に優先順位を付けましょう。

重要な仕事は後回しにされがち

仕事には、単なる雑用的な仕事から、顧客などへの影響から重要といえる仕事までさまざまな種類があります。緊急性だけで判断してつい雑用的な仕事から取り組んでしまい、気が付けば重要な仕事の期限が迫っていたという経験はないでしょうか。

人は、一般的に緊急性のみで判断して、重要な仕事を後回しにしがちです。また、他の人と協同で進める仕事よりも自分ひとりで済ませられる仕事を優先する傾向にあります。本来は、緊急性だけではなく、そのことが与える影響から重要度を考え、仕事の優先付けを行わなければなりません。

重要な仕事を後回しにすれば、次第に面倒になり、妥協した楽な道を選ぶことになります。

しかし、その重要度や、時間をかけることによるデメリットを考えるならば、いろいろと考えずに、すぐに取りかかるべきなのです。

重要な仕事ほどすぐに取りかかる

重要な仕事は後回しにせず、妥協なしに取り組まなくてはよい成果も生まれません。そのためには、仕事の重要度や緊急性を判断し、どの仕事を優先的に取り組むべきかを考える必要があります。

◇重要度と緊急性で優先付ける

仕事は、重要度と緊急性の組み合わせで分類することができます。仕事をこの二軸で整理して、重要度が高く、かつ緊急性の高い仕事からすぐに取り組まなくてはなりません。

また、緊急ではないが重要な仕事も着実に進めることが大切です。特に、見落としがちなのが、同僚や顧客と

◉表4-1　重要度と緊急性

	重要度が高い	重要度が低い
緊急性が高い	●クレーム対応 ●トラブル復旧 ●急な依頼	●電話 ●突然の来客や宴会 ●急な出張の手続き
緊急性が低い	●自己啓発 ●計画作成 ●コミュニケーション	●儀式的な報告会 ●雑談 ●業務外のネット閲覧

コミュニケーションをとることです。協同作業を円滑に進めるためには、密なコミュニケーションが欠かせません。緊急性は低くても優先的に時間を割くべきです。

◇仕事のインプットを忘れないうちに取りかかる

心理学者のエビングハウスの忘却曲線によれば、人間の記憶は指数関数的に減少し、覚えた記憶は、その20分後には約40％しか残らず、その後、緩やかに失われていきます。

つまり、重要な仕事にすぐに取りかかったとしても、緊急で割り込みが入って思考過程が中断されれば、仕事の前提であった情報や背景、思い付いたアイデアだけでなく、そのことの重要度さえ忘れてしまうこともあります。重要な仕事ほど、記憶が失われないうちに、すぐに取りかからなければなりません。

◉図4-1　エビングハウスの忘却曲線

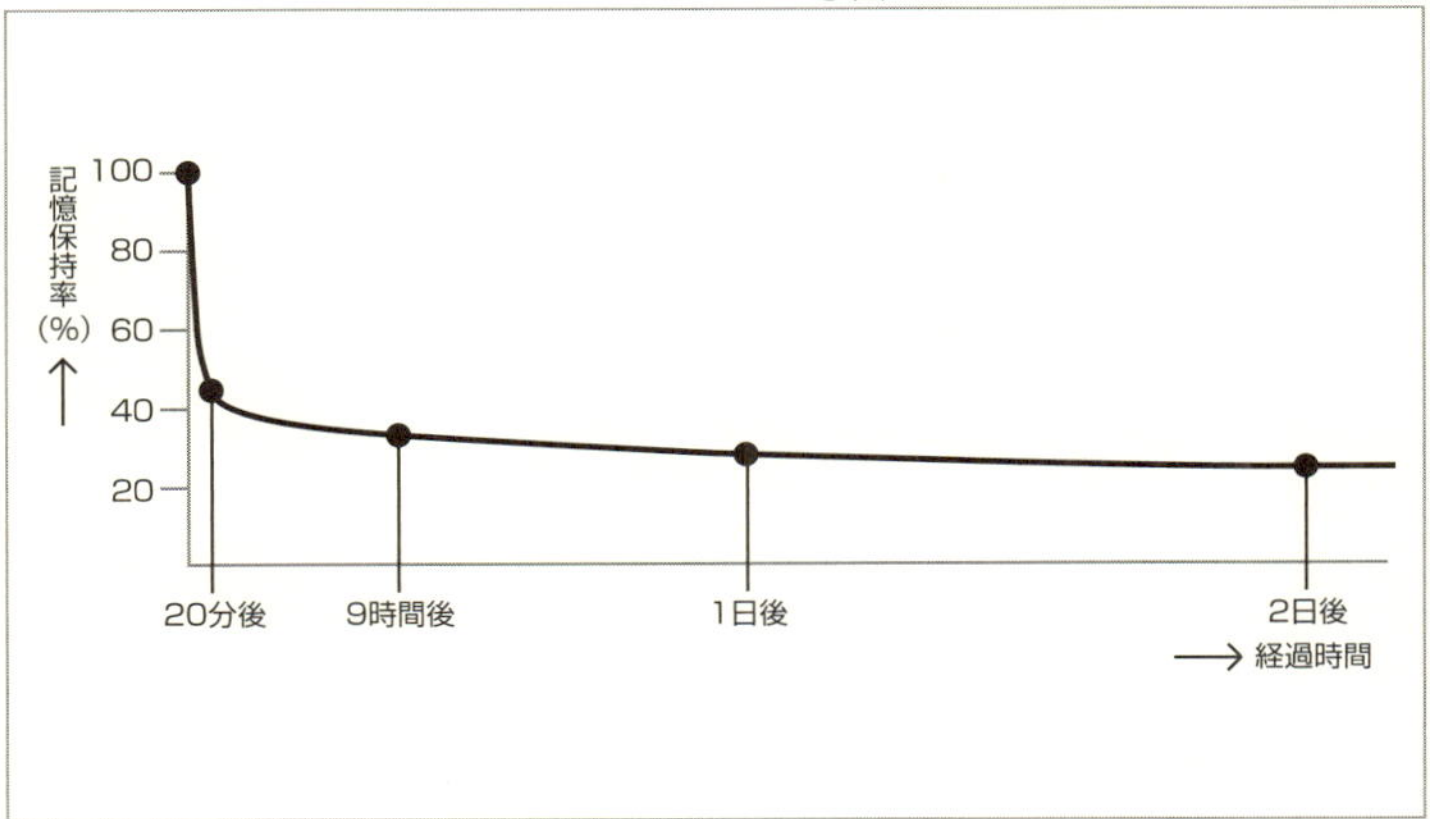

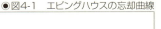

オブジェクト指向を手段の1つとして使いこなす

オブジェクト指向の技術は、目的ではなくあくまでも手段です。使い方によっては武器にも障害にもなります。技術を体系的に理解し、細部にこだわらず、活用することが重要です。オブジェクト指向を使いこなしましょう。

オブジェクト指向を使うのは今や常識

オブジェクト指向プログラミングなど、オブジェクト指向によるシステム開発が普及しています。１９９５年のJavaの登場をきっかけに実装技術が一気に普及し、マイクロソフトも２００２年に.NETをリリースして、パソコンでも対応が容易になりました。

しかし、オブジェクト指向をまるで魔法のようにとらえ、分析からプログラミングまですべてのフェーズに採用したり、技法の完璧さにこだわって緻密に作業を進め、計画以上に負荷をかけてしまうケースもみられます。

オブジェクト指向はあくまで手段であり、それを使うこと自体が目的になってはいけません。そのためには細部の技法にこだわらず、実利的なメリットに目を向けて、開発の現場で活用していくことが必要です。

オブジェクト指向のメリットを押さえよう

ＵＭＬやデザインパターン、フレームワークなど、効果的なオブジェクト指向技術は豊富にあります。これらに使われるのではなく、適用のメリットを押さえて、現実的に使いこなすことが重要です。

◇ＵＭＬはモデリングの共通言語

「ＵＭＬ(Unified Modeling Language)」は、オブジェクト指向開発で使われるモデリング言語のことです。「言語」という言葉が含まれていますが、ユースケース図やクラス図など、全部で13種類の図式で構成されています。従来からある状態遷移図なども取り込んでいるため、ソフトウェア設計図式の集大成ともいえます。

このＵＭＬの図式を必要に応じて使い、顧客との間にモデルをおいて会話することで、より意思疎通がとりやすくなります。ＵＭＬは業界標準となっており、理解しておくことが望まれます。

◇デザインパターンは先人の智恵

「デザインパターン」は、オブジェクト指向プログラミングにおける優れた設計の「型」です。オブジェクト指向で作られたシステムには、柔軟性や再利用性を高めるために、定型的なパターンが存在しています。これを整理して世の中に公開したのが「デザインパターン」です。デザインパターンはオブジェクト指向プログラミングにおける「先人の智恵」ともいえ、これを使うのと使わないのとでは、品質面や、再利用がしやすいかどうかが大きく異なってきます。

◇フレームワークはプログラミングの部品群

「フレームワーク」は、どのようなアプリケーションでも必要となる画面遷移やデータ入出力、エラー処理などの基本的な仕組みを提供するクラスライブラリやドキュメントです。

プログラミングに一定の制約を設けることにより、規約に従わない部品を自分勝手に作ったり、規約に従わないコードを書いたりすることを避け、品質や開発効率を向上させることができます。

英語力を身に付けて ＩＴの最新動向をキャッチする

オープンソースソフトウェアなど、最新のＩＴは英語圏から変化が起きます。英語が苦手なままでは最新動向を知るのが遅れてしまいます。そうならないためにも、英語力を身に付けるようにしましょう。

「英語が苦手」では遅れをとってしまう

英語ができなくても仕事はできますが、ＩＴ業界にいると、マニュアルやウェブサイトの記事などで、英語に触れる機会が少なからずあります。また、セミナー出席や事例調査のため、海外出張になることもあるかもしれません。

それだけでなく、英語を学んでおくと、ＩｏＴに関する新しいキーワードや、コンピュータウイルスの新種の登場など、一歩先の技術情報や動向を知ることも可能となります。日本語のウェブサイトで翻訳されることも増えているとはいえ、まだまだ遅れているのが現状です。さらに、急速に普及しつつあるオープンソースソフトウェアのほとんどは、英語圏が主導しています。その利用に当たっては、英語で書かれたコミュニティでのＱ＆Ａ情報などを理解していく必要が出てきます。

ビジネスパーソンの三種の神器は、「英語・パソコン・会計」といわれますが、ＳＥにこそ英語力が必要です。

英語が必要な環境に身をおこう

英語力を身に付けるには、強制的に英語が必要な環境に自分の身をおくとよいでしょう。英語を使う仕事の機会を逃さず、Off-JT(Off the Job Trainingの略で、仕事・職場から離れて行われる教育方法のこと)で英語文献の翻訳をしたり、とっつきやすい3文字略語から理解したりするのが効果的です。

◇英語を使うチャンスを逃さない

「必要は学習の母」という言葉もあるように、仕事で英語を使う機会があれば、進んで担当するように心がけるべきです。市場におけるオープンソースソフトウェアのシェアは年々上がっていて、企業でも開発費用を下げるため、オープンソースソフトウェアの適用を拡大しています。これらのオープンソースソフトウェアを利用するには、英語の理解が不可欠です。この他にも、ＩＴ業界に身をおいている以上は、英語を必要とするシーンは増えるはずですので、その機会を活かしましょう。

◇英語文献の翻訳にチャレンジする

特にお勧めしたいのが、翻訳プロジェクトです。筆者も経験がありますが、技術論文など海外の文献を翻訳するプロジェクトを起こし、他のメンバーと協同で作業を進めます。よい翻訳をするためには、英語の理解力だけでなく、正しい日本語を書く文章力やＩＴについての深い知見が要求されます。その結果、嫌でも技術を勉強しないといけなくなり、英語力だけでなく技術力も身に付けることができます。

◇３文字略語を英語綴りで理解する

ＩＴ業界では、「ＦＡＱ(Frequently Asked Questions)」や「ＳＣＭ(Supply Chain Management)」など、多くの略語が使われます。当然ながら、英文でもこれら略語が多く登場します。これらの略語をＩＴ用語集などで調べると、その解説でまた略語が登場することが少なくありません。たとえば、ＳＣＭを調べるとＴＯＣ(Theory Of Constraints：制約理論)が登場するように、煙に巻かれたようで理解が進みにくくなりがちです。

そこで、略語の綴りがわかったら、各単語について辞書を引き、日本語で理解することをお勧めします。略語とその綴りを知識に定着させておくことで、ウェブサイトなどの英文資料を読むのがよりスムーズになります。

◇目標を持って取り組む

学習するときには、目標を持って取り組むことが重要なのはいうまでもありません。目標を設定しやすいのが資格試験で、その中でも英語を勉強する際には、合否ではなくスコアがわかるTOEICを受験することをお勧めします。まずは、一般企業の最低ラインともいえる、600点を目標に勉強を開始し、海外部門など、グローバルで活躍もしたいならば、730点を目指してはいかがでしょうか。

クレーム対応は信頼を得る絶好のチャンス

ＩＴ業界はクレーム産業ともいわれており、クレームの発生は避けられないのが実状です。クレームが発生したときは顧客を失ってしまうかもしれないピンチではありますが、実は信頼を得られるチャンスでもあります。きちんとした対応でクレームをチャンスに変えましょう。

クレームはその原因よりも対処が大切

システムは人が作るため、バグや作業ミスがつきものです。重要なことは、バグや作業ミスそのものより、その後の対応をいかに行うかです。

このクレームの対応に不手際があって信頼を失えば、重要な顧客を失いかねません。ましてや、その顛末をインターネットの掲示板などに書かれてしまえば、不特定多数の人の目にさらされ、風評リスクが顕在化し、その後のビジネスに大きな影響を与えてしまう恐れもあります。

顧客からのクレームには、通常、２つの要素があります。１つは苦情の内容そのもの、もう

1つは人間としての怒りや戸惑い、失望感です。

SEは、とかくロジカルに考えがちで、苦情の内容に焦点を絞って淡々と対応するケースが多くなりがちです。しかし、実は感情的側面にこそ配慮し、対応していくことが必要なのです。

顧客の不満を解消してクレーム対応で信頼を得る

クレーム対応で信頼を得れば、逆にチャンスにもなります。クレームだからと消極的になるのではなく、これを期に顧客の不満を解消してその後のフォローを充実させることが、次の仕事につながるのです。

◇クレーム対応は初動が肝心

クレーム対応は、それを受けた初動の時点がとりわけ重要なのはいうまでもありません。その際、相手の感情にも配慮し、極めて基本的ですが、言い訳せずにまずは謝罪して聞き役に徹することが重要です。

◇顧客へ事情を説明する

顧客への事情説明では、次の点に注意しましょう。

●緊張を解くため、本題に入る前に、天気などを話題にする
●相手の感情に配慮して言葉をていねいに使う
●簡潔にわかりやすくなるように、結論から入る
●いつまでに対応するのか時期を明確にする
●座る位置は真向かいにせず、アイコンタクトをしやすくする（図４－２）

◇揉めたときの対処方法

事情や解決策を説明しても合意されずに揉めたときには、次のように、人・場所・時間を変えて再度臨みましょう。

●人を変える（上司へエスカレーションする／女性から男性へ交代するなど）
●場所を変える（電話ではなく現地へ行く／公式会議から飲み会などにするなど）
●時間を変える（冷却期間をおく／対策を考えておくなど）

◉図4-2　事情説明時に座る位置の例

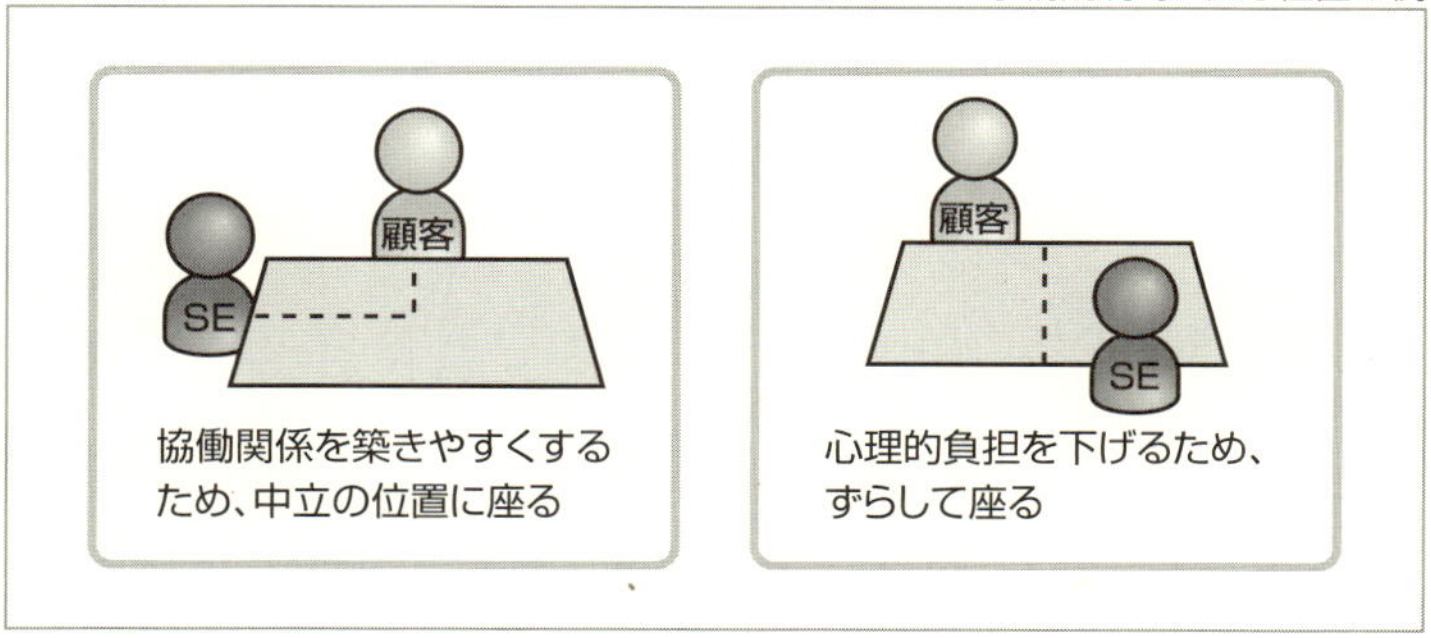
顧客
SE
協働関係を築きやすくするため、中立の位置に座る
顧客
SE
心理的負担を下げるため、ずらして座る

◇既存顧客を大切にすること

自動車の販売では、新規に顧客を獲得するのは、既存顧客を維持するよりもコストが5倍かかるといわれています。自動車に限らず、最近は市場シェアよりも顧客シェア（1人の顧客に何度も契約してもらう）を拡大する動きが強くなっています。

システム開発でもそのまま当てはまるわけではありませんが、新規顧客の場合、相手のことがわからないだけに、社内調整力がどうなのか、お金が支払われるのかなどのリスクが少なからずあります。

それを考えれば、阿吽の呼吸で仕事ができる既存顧客を大切にすべきなのはいうまでもありません。

トラブルへの対応で仕事力をアピール

トラブルが発生すれば、いち早く復旧することが求められます。しかし、原因追求を優先すれば、復旧時間が長引きかねません。クレーム同様、トラブル時の対応も非常に重要です。

トラブル時の対応で実力が問われる

システムのトラブルは、得てして月末の締め処理など、顧客が忙しいときに限って発生します。トラブルの対応を失敗して復旧までの時間が長引いたりすれば、顧客の信頼を失い、次の新しい仕事を受注することもままなりません。

トラブルに対応する際に技術者として陥りやすいのが、起きた現象に対して原因の追究を優先してしまうことです。自分で作成したプログラムやソースコードが公開されているオープンソースソフトウェアならいざ知らず、ＯＳなどパッケージ製品で発生したトラブルを追求していても短期間に解決する見通しはほとんどないのが現実です。

トラブルの発生時には理想を追わず、現実的な対処で顧客へのシステムサービスが早く回復するように対策を打つ必要があります。

トラブルのときこそ本領を発揮しよう

SEは、トラブルのときにこそ、正常時の何倍もの力を発揮して、顧客を助けるよう努めなければなりません。迅速に復旧処置を行って感謝されれば、対応のよさから新しい案件の受注に結び付く可能性も開けてきます。

◇理想を追わず現実的に対応する

たとえば、サーバーのプラットフォームの信頼性が低く、本番の運用を止めるようなトラブルが発生しているときに、導入したOSの内部的なバグまで徹底的に調査しても、ブラックボックスのため、調査はメーカー任せになります。理想的には原因を突き止めて解決したいところですが、見通しが立たず解決が長引けば、顧客へ迷惑をかけることにもなります。

そういった場合には、トラブルの原因を取り除くのではなく、顧客が直面している「システムサービスが使えない」という問題を解決する方が先決です。そこで、多少のバグには目をつぶり、次のようにして、一歩前進することが重要になります。

- 正常稼働を保証できる時間を測定するため、サーバーに対して実運用レベルのトランザクションを流して耐久性を検証する
- 複数のサーバーを用意して、稼働保証時間を基準に片方ずつ切り替える運用とし、顧客へのシステムサービスがストップしないようにする

●右記と並行してメーカーに問い合わせ、調査を進める

◇トラブルの現象よりも傾向に着目する

1つひとつのトラブルの現象にとらわれず、傾向に着目して対応策を考えることも重要です。たとえば、「商品価格の項目に0円を入力すると、システムが異常終了する」「マスタDBに登録されていない商品コードを受注入力すると、システムが異常終了する」などのトラブルは、各プログラムに処理ロジックが漏れていたことで異常終了を引き起こしていますが、そもそも、無効データが入力された時点で処理を続けずに、画面にエラーを返すべきでしょう。

この事例では、入力データのチェックが不足していることが原因ですが、想像力を働かせて範囲を広げればもっとあるはずです。調査した上で、顧客に提案していくべきでしょう。

アルゴリズムは使うだけではなく考えることが大切

Javaが普及してプログラムを一から作成することはなくなりましたが、その一方でアルゴリズムを考えることもなくなったきらいがあります。しかし、アルゴリズムを理解し、システムの特性に合わせて開発部品を選択する目は持っていた方がよいでしょう。

お膳立てされているJavaでの開発

筆者がプログラマだった時代(C言語)は、ファイルアクセスやメモリ操作などの関数ライブラリが用意されている程度でした。そのため、自分で効率的なデータ構造やアルゴリズムを考えて、一心不乱にプログラムのコーディングに励んだものです。

最近のプログラマは、Javaフレームワークを使用することが多くなっています。Javaでは線形リストやハッシュテーブルなどがパッケージングで提供され、従来のような苦労をしなくて済むようになっています。

だからといって、どのようなメカニズムで処理されているのかを理解せずに使うのは危険です。使い方によっては、計算機のメモリを大量に消費したり、実行効率が悪いケースもあります。特にメモリ割当量や実行時間でコンパクトな実装が要求される携帯電話や家電製品のアプリケーション分野では、致命傷になりかねません。

アルゴリズムをマスターする

システムが要求する特性や制限は、いつも同じではありません。対象システムの特性に合わせて、アルゴリズムやデータ構造を適切に選択できるように、理解を深めておくことが重要です。

◇アルゴリズムとは何か

「アルゴリズム」は、問題を解くための手順です。たとえば、「ある商品の販売単価と仕入単価、販売数より利益を求めよ」という問題では、次の解答手順が考えられます。

❶販売単価×販売数＝売上額
❷仕入単価×販売数＝仕入額
❸売上額－仕入額＝利益

また、次のような別の手順も考えられます。

❶販売単価−仕入単価＝1商品あたりの利益

❷1商品あたりの利益×販売数＝利益

このように、同じ問題を解くにしても、アルゴリズムは複数存在します。プログラムでは、もっと複雑な問題に対して、アルゴリズムや処理するために必要なデータ構造をコーディングしていきます。これを知ると知らないでは大違いです。アルゴリズムとデータ構造の解説書を読破し、コーディングしてみることをお勧めします。

◇アルゴリズムによって処理時間に差が付く

選んだアルゴリズムによって、命令の実行数や計算量などが異なり、処理効率（計算機のCPU／メモリの消費）や処理時間に差が出てきます。そのため、問題を解くために適切なアルゴリズムを用いることが重要です。

基本的なアルゴリズムとして、数字を並べ替える「ソート」、複数のデータから目的のデータを見つけ出す「探索」などがあります。プログラムを記述する際には、基本的なアルゴリズムから選択したり、応用的なアルゴリズムをプログラマが考案したりして進めていきます。

表4－2は、ソートアルゴリズム（複数の数字を昇順あるいは降順に並べ替えるための解法）

の一例です。

◉表4-2　ソートアルゴリズムの例

アルゴリズム	整列方法	計算量（nは要素数）
選択ソート	左から順に見ていき最小値を見つけると先頭と入れ替えることを繰り返す	nの2乗に比例
バブルソート	左から順に隣り合った左右でデータを比較し、左側のデータが大きい場合に右と入れ替えることを繰り返す	nの2乗に比例
クイックソート	データ列の中心にあるデータを基準値とし、それよりも大きいデータと小さいデータを入れ替えることを、基準値を変えながら繰り返す	n log nに比例

クラウドコンピューティングの活用能力を身に付ける

クラウドコンピューティングとは、コンピュータやソフトウェアなどを購入せずに、必要に応じてコンピューター上のサービスを準備できる環境です。すぐにサービスが使え運用費用も比較的抑えることができるため、多くの企業が、クラウドコンピューティングの採用に動いています。

クラウドの主な形態を理解する

クラウドコンピューティングの主な形態には、SaaSやPaaS、IaaSがあります。

SaaS(Software as a Service)は、従来のコンピューターのようにソフトウエアを導入する必要がなく、インターネット経由で既に利用できる状態にあるソフトウエア、つまりサービスに利用料を支払う形態です。たとえば、会計処理や顧客管理、能力開発などのサービスがあります。

PaaS(Platform as a Service)は、自ら開発したアプリケーションを稼働させるための共用プラットフォーム環境です。あらかじめデータベースやウェブサーバーなどのミドルウエアが導入されており、アプリケーションをアップロードすれば、そのプラットフォームの中でサービスとして利用できます。

IaaS(Infrastructure as a Service)は、サーバーやネットワーク機器などのハードウエアがあらかじめ用意され、処理量の増加などに応じて増設できる環境です。従来のデータセンターにおけるホスティングに近いですが、メモリなどの増設や運用が自動化されている点が異なります。

IT業界の仕事にも変化が起きている

これまで、顧客のニーズに合わせて数ある中からハードウェアとソフトウェアを組み合わせる「システムインテグレーション」を主な事業としていた企業は、最適に組み合わせるノウハウを強みとしてきました。しかし、組み合わせがほぼ自動的に用意されるクラウドコンピューティングが普及すれば、そのノウハウの強みが失われます。そこで、自社が持つ設定や運用のノウハウを標準化し自社製クラウドとして提供するなど、新たな事業展開を図っています。

また、ソフトウエア開発のスタイルも変化しつつあります。クラウドコンピューティングを使えば、社内に専用の開発環境を用意する必要がなくなります。インターネット経由で利用するため場所も選ばず、海外のベンダや在宅社員との効率的な共同作業も可能になります。

プログラミング言語に左右されない力を持つ

世界中でさまざまな言語が使われているように、プログラミング言語も多数、存在しています。売れるプログラマを続けていくなら、プログラミング言語に左右されない力を持ち、複数の言語をツールとして使いこなしましょう。

使えるプログラミング言語が1つでは仕事を失う

プログラミング言語は、人間の話す言語のように国や地域ごとに異なることはなく、世界共通です。だからといって、１つのプログラミング言語だけを覚えておけばよいということはなく、適用するシステムの特性やＯＳなどのプラットフォームに応じて使い分ける必要があります。また、プログラミング言語は、オブジェクト指向への対応や移植性などを高めていく方向で進化しており、需要に応じた流行や廃りもあります。それにもかかわらず、「ＣＯＢＯＬしかわからない」「Javaしかできない」というプログラマが多くいます。

しかし、プログラミング言語はツールの１つに過ぎません。得意なプログラミング言語があるのはよいことですが、バリエーションが少なければ仕事を失う可能性もあります。また、プログラミングを続けたいのなら、プログラミング言語の根底にあるアルゴリズムなどの理論を基本知識として、需要の高いプログラミング言語を効率的に習得していくことも必要です。

🌐プログラミング言語の根底にある理論を学ぶ

唯一絶対というプログラミング言語は、存在しません。食べず嫌いせずに新しいプログラミング言語を習得する必要があります。しかし、それよりもまず、根底にある理論を学び、プロフェッショナルとして確かな選択眼を持たなくてはなりません。

◇プログラミング言語の基礎理論を学ぶ

Javaが登場してポインタの概念を意識せずにプログラミングができるようになりました。しかし、メモリの効率的な使用を考慮するときには、C言語レベルのメモリ操作の知識が必要となるのはいうまでもありません。

今後、登場するであろう新しいプログラミング言語も含め、複数のプログラミング言語への対応力を持つためには、文法上の表現だけではなく、プログラミング言語の構造や計算機資源の操作に対する考え方、共通するアルゴリズムなどの理論を学んでおくことが重要です。

◇複数のプログラミング言語を学ぶと効果的

筆者は仕事柄、中国へよく行きますが、「中国語は漢字が多くて日本語に近い」という誤解があります。むしろ、文法は英語に近いのです。つまり、「主語＋動詞＋述語」という形で構成され、「中国語＝日本語の漢字＋英語の文法＋中国語独自の発音」と理解できます。日本語と英語ができる人は中国語のマスターも比較的容易と聞きます。複数の言語を使えることは言語学の観点から他の言語を身に付けるのに有利といえますが、これと同じことがプログラミング言語でもいえるのではないでしょうか。

経営を数字で読む「会計知識」を身に付ける

会計知識は、ＳＥには必須です。苦手なままでは仕事の障害になるだけでなく、社会人として企業や経済の動向も読むことができません。積極的に会計知識を学び、経営を数字で読む力（計数感覚）を身に付けましょう。

いつまでも会計が苦手ではダメ

ＳＥが顧客にシステムを提案する際、顧客の経営状態を把握した上で投資余力を見極め、システム化の範囲や提示費用を適正にしなければなりません。

また、システムを設計するに当たっては、業務によって動くお金を無視して進めることはできません。会計は、規模の大小や業種にかかわらず、どの企業にも必ず存在します。人事管理や販売管理などは、他の業務とお金でつながる基本的な業務であり、さまざまな業務知識を習得する上で欠かせない知識ともいえます。

このように必須知識である会計ですが、「会計は難しい」と苦手意識を持つＳＥが多いようです。しかし、実のところ、会計知識はシステム開発に役に立つだけではありません。自社や競合他社の経営実態、政府の経済政策など、企業や経済の動向を読み取れる効果もあります。SEとて社会人の1人です。会計知識は身に付けるべきでしょう。

身近なところから会計の知識を身に付ける

会計には財務会計と管理会計の二面があり、苦手意識を克服して、これら会計の基本を身に付けなければなりません。そのためには、自社の経営資料など身近なところから手を付け、株式投資を行ってみるのも有効です。

◇財務会計と管理会計の両面が必要

「会計」と一口にいっても、社外へ向けて経営状態を公開する「財務会計」と、社内での経営的な意思決定に活用する「管理会計」があります。これらは会社を運営するための両輪で、知識として持っておいたほうがよいでしょう。

会社の経営状況を正確に伝えるため、最低でも年に1回、財務諸表を作成する「財務会計」は、商法や証券取引法などに基づく業務です。投資家や債権者など企業外部へ報告することから、「外部報告会計」とも呼ばれます。

経営計画や業績評価の意思決定を支援するため、予算と実績の比較や単価など、必要な情報を提供する「管理会計」は自主的な業務です。企業内の経営者や管理者に提供することから、

「内部報告会計」とも呼ばれます。

◇会計の世界は日々変化している

財務会計は、上場企業に対する情報開示の透明度と頻度のアップを要求する声が高まり、決算サイクルを従来の半期から四半期へ短縮する企業が増えています。また、管理会計は、活動基準原価計算やスループット会計など、新しい手法が次々に出てきているのが特徴です。

◇会計を実体験から学ぶ

会計を学ぶには、簿記などの本を読んでもよいのですが、まずは自社の経営資料の数字を読み込みましょう。

その他に、特に財務会計を学ぶためにお勧めしたいのが、株式投資です。株式市場の拡大とネット証券の普及で手数料が安くなっており、気軽に始めることができます。投資対象の会社について四季報や有価証券報告書などの情報で、経営状態などを理解できるようになれば、会計への苦手意識も克服間近と考えてよいでしょう。

手作りへのこだわりを捨てて パッケージを活用する

手作りにこだわっていては、ビジネスチャンスを逃す可能性があります。パッケージも1つの選択肢として視野に入れ、機能や特徴を理解しておくことが重要です。顧客の要求に応じて、パッケージを活用していきましょう。

手作りでは取り残される

現在、システム開発は、従来の手作り型からパッケージやコンポーネント活用型へシフトしています。これまでのように手作りでの開発に頼っていては、次の点が問題となります。

- 手作りする部分が多く、品質担保の負荷が高い
- 仕様を決めたり実装をするための開発期間がかかる
- 導入後のプラットフォーム変更に追従できない

顧客から、短納期要請や開発コストの抑制、将来にわたるプラットフォーム変更への追従を要求された場合、手作りの開発では応えるのが困難なケースもあり、パッケージのメリッ

トを享受する必要に迫られます。

システムを実現するときにはその開発方法について、パッケージの適用も含めて複数の案を検討し、メリットのある案を選択する必要があります。

パッケージの採用も視野に入れる

作り屋のSEとしては、手作りに対するこだわりがあるのもわかります。しかし、それでは、顧客の厳しい要求に応えることができない恐れもあります。選り好みせず、パッケージの採用も視野に入れることが重要です。

◇ソフトウェアパッケージの種類

たとえば、表計算ソフトを一から作ることを考えると、パッケージの導入がどれほど効果的かは明らかです。パッケージには、特定の業種に依存したパッケージ、業種共通で業務を対象としたパッケージ、グループウェアなど一般的なパッケージが存在します。これらパッケージの機能や特徴のポイントを押さ

◉表4-4　ソフトウェアパッケージの分類

導入の範囲	製造業	流通業	金融業
業種単位 (業種依存)	●生産計画 ●在庫管理 ●出荷管理　他	●売上管理(POS) ●商品分析 ●店舗管理　他	●口座管理 ●与信管理 ●融資管理　他
業務単位 (業種共通)	●人事管理 ●財務会計 ●給与計算		
生産性向上 ツール (業務共通)	●グループウェア ●表計算ソフトウェア ●データ抽出/分析ツール		

え、顧客へ提案していくことが重要です。

◇実用期に入ったERPパッケージ

ERP(Enterprise Resource Planning)とは、経理、販売、生産などの業務に必要なデータを一元管理し、企業全体の業務処理を最適化するコンセプトです。ERPパッケージはそのコンセプトに基づき、多国籍対応が容易(言語、通貨、制度)で多くの企業で認められたベストプラクティスを装備しています。

ERPパッケージは、その特徴から欧米の企業を中心に普及がみられます。国内においても、一時の過度な期待から低迷しましたが、今は実用期に差しかかっていると考えられます。

導入に当たっては、全社最適の業務プロセスを設計した上で、自社の環境に合わせてパラメータ設定などによりカスタマイズすることが

◉図4-3　ERPパッケージ

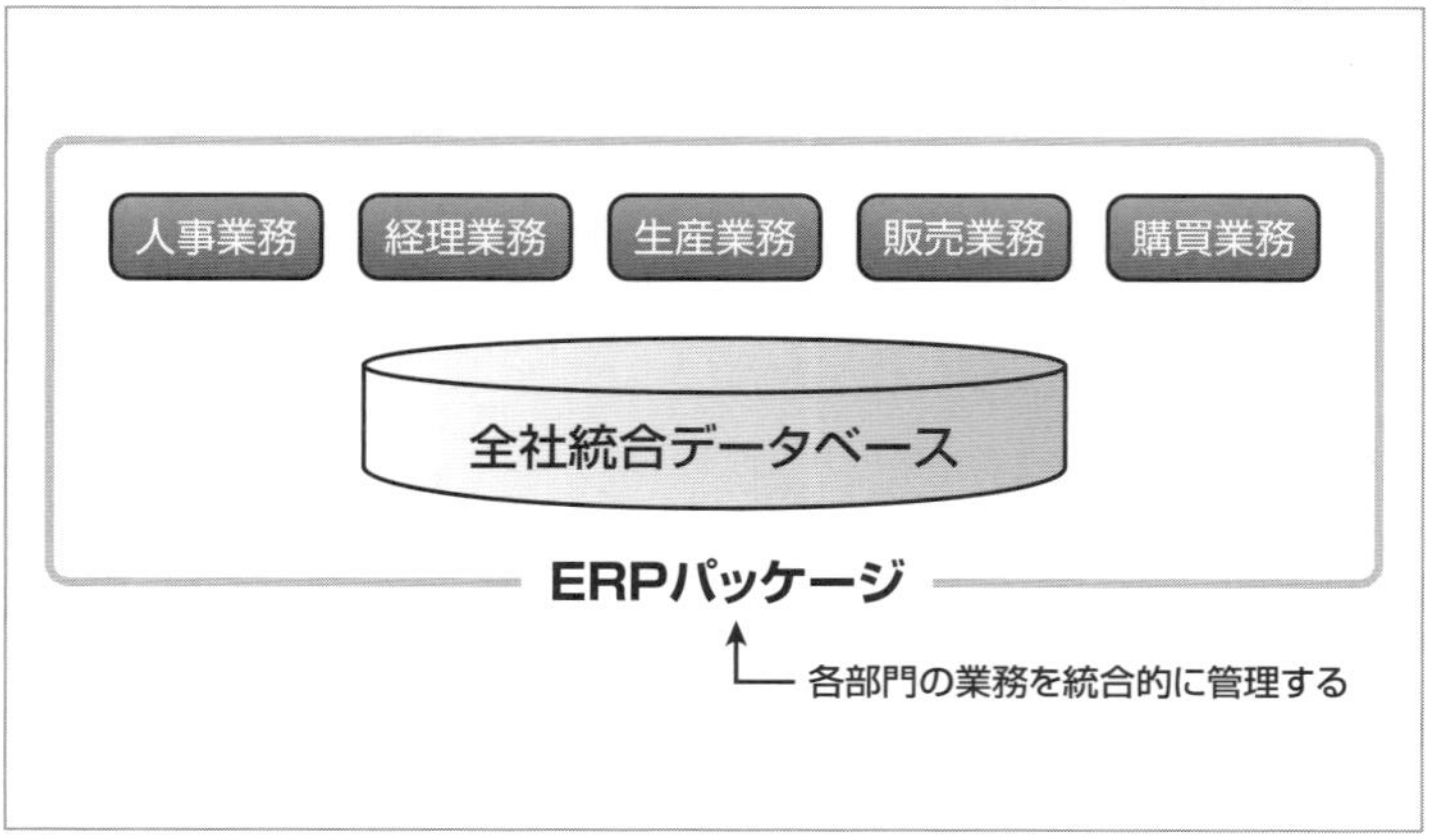

必要です。

一方で、汎用的なパッケージを使うことで、もともとその企業が持っていた独自の強みが失われる可能性があるので注意が必要です。

情報セキュリティは今やSEの一般常識

経済産業省によれば、２０１６年の時点でセキュリティ人材が約16万人不足しており、２０２０年には約19万人に拡大する見通しです。ランサムウェアのような悪質な不正ソフトウェアは常に進化しており、セキュリティ管理人材の育成が追いつかない状況です。ＳＥは、セキュリティ関連知識を身に付けることによって、市場価値を上げることができます。

情報セキュリティは今やSEの常識

コンピュータウイルスの侵入や個人情報の漏洩、フィッシング詐欺によるクレジットカード情報の不正取得などが急増している現状では、情報システムを構築するＳＥも情報セキュリティに無縁ではいられません。

一般的なシステムの構築では、セキュリティ強化の視点で改善を求められることが多くなっています。それに対応できなければ、ビジネスチャンスを失うことにもなります。セキュリティスペシャリストほどのプロになる必要はありませんが、顧客と対話できるぐらいには知識を持っておくべきでしょう。

特に学んでおきたいのは、法律やガイドラインです。セキュリティ管理の技術や仕組みは専門家に任せてもよいですが、法律には留意しなければならない要件が整理されています。いつ顧客から質問されるとも限らず、SEの常識として、そのポイントを身に付けるべきです。

セキュリティ関連の法律やガイドラインを守ろう

インターネットの普及によって、セキュリティ関連の法律やガイドラインが数多く登場しています。顧客の業務システムの多くがネット活用型になりつつある現在、これらの法律を学んで貢献していくことが重要です。

◇セキュリティの法律やガイドラインに強くなる

セキュリティ関連の法律やガイドラインは、数多くあります。条文すべてを理解する必要はありませんが、なぜその法律が登場したのか、最低限何を守らなければならないのかだけでも頭に入れておくようにしましょう。なお、最近、施行された代表的な法律は、次のようになります。

●改正個人情報保護法

個人情報保護法は、個人情報の利用が急速に拡大したのを背景に、個人情報の有用性に配慮しつつ、個人の権利利益を保護するための法律です。2017年に、改正個人情報保護法が施行されています。IoT(Internet Of Things)の普及により、携帯電話やICカードなど、さまざまなIT機器からパーソナルデータを取得できるようになり、社会や個人が便益を得る環境の整備が課題となっています。改正個人情報保護法では、個人情報を厳格に定義することにより、本人を特定できない形であれば、ビッグデータとしてマーケティングなどに利用できることを目指しています。

●電子署名認証法

インターネットの普及により、電子商取引はますます活発になっています。電子署名認証法は、取引を安心して行うために、手書きのサインや押印と同じように電子的な署名を法的に保護するための法律です。

●不正アクセス禁止法

不正アクセス禁止法は、ハッキングなどにより、アクセス権限がないコンピュータへの不正なアクセスを罰する法律です。従来の刑法では、システムの破壊など実害がなければ罰することができなかったため、施行されました。不正アクセス(なりすましや、セキュリティホールの攻撃など)や不正アクセス助長(他人のパスワードを奪取して教えるなど)が対象となります。

◇ハッキングの手口を映画から学ぶ

映画にはハッカーが登場する作品が少なくありません。古くは「ウォー・ゲーム」、実話をもとにした「ザ・ハッカー」などがその代表といえるでしょう。映画の中では、ゴミ箱をあさって情報を入手するソーシャルエンジニアリングなど、実在する手口も描かれています。キー長の長い暗号鍵が短時間で解読されるなど、現実離れした大げさな描写もありますが、そこを評論しつつも楽しみながら学んでみてはいかがでしょうか。

第5章
自己表現力を高める法則

話し手から最大限の情報を引き出す聞き上手になる

話し上手になろうと努力している人は多くいます。しかし、話し上手になりたければ、聞き上手になることが必要です。相手の興味を引くためには、まずこちらが興味を持って相手の話に耳を傾けましょう。

身勝手な話し上手は信頼を損ねる

コミュニケーションは、人との連続的な会話で成り立っています。1人が自分のことばかりを話し続けても、けっしてお互いが満足いく関係にはなりません。

相手が話し続けているのに、最後まで聞かずに割り込んで発言したり、途中で意図的に話題をすり替えてしまったりしたことはないでしょうか。また、こちらが話しているのにうんともすんとも反応がなく、寂しい思いをした経験はないでしょうか。

消極性よりも積極性を高く評価するように、世の中は聞き手よりも話し手を高く評価しがちです。しかし、コミュニケーションを良好に成立させるためには、話すことと同じくらいに聞くことも重要なのです。聞き上手になるためには、単に話を聞くのではなく、傾聴の技術を身に付けることが必要です。

🌐話し手に満足感を与える「開き方」を身に付けよう

黙って聞きに徹するだけでは、聞き上手にはなりません。聞き手に「よく話を聞いてくれた」という満足感を与え本音を引き出すためには、積極的傾聴（アクティブ・リスニング）によって、守りではなく攻めの聞き方をすることが重要です。

◇積極的傾聴のポイント

積極的傾聴とは、話し手の立場に立って相手を理解しようとする手法です。次のポイントを実践してみましょう。

- 先入観を捨てて相手を批判せず、素直な気持ちで聞く
- 相手の言葉だけではなく、感情を読み取るようにする
- 相手の言いたいことを要約する、言い換えてあげる

◇うなずきを増やす

対人社会心理学の実験によれば、聞き手がうなずきを増やすことで、発言量が1・7倍に増えるそうです。うなずきは、「話の内容を否定せず、あなたに注目しているよ」というサイ

ンになります。発言者はそのサインを自分への承認と受け取り、承認に応えるためにさらに発言が増えていきます。

◇リフレインで要約する

リフレインとは、「おうむ返し」のことです。相手の話したことに対して、要約したり言い換えたりしてあげることで、相手の主張を明確にするテクニックです。

話し手は自分の言わんとしていることがはっきりせず、あいまいなまま伝えていることがあります。聞き手が話し手の考えを要約してあげることで、そのメッセージが明確になり、お互いの認識違いを防ぐことができます。

◇あえて反論する

リフレインで要約することによって、主張を明確にすることができます。しかし、それがあまりにも短絡的であれば、新たな主張を得るために、相手の発言にあえて反論してみるのが効果的です。「それはメリットばかりなのでしょうか？」とデメリットの面も考えさせたり、「そのことによって発生するリスクはありますか？」と先の時間軸を考えさせる問いで、別の角度から相手に意見を言わせるのです。これによって、その話題を別の視点から見ることになり、話を大きく膨らませることができます。

相手との共感があってはじめてコミュニケーションは成立する

相手に共感しなければ、コミュニケーションは成立していないのと同じです。自分勝手に話を進めても相手とのギャップは広がるばかりです。傾聴力を高めて相手と共感するようにしましょう。

場の空気を読めない

目的が決まった設計レビューや報告会の場で、突然、趣旨と合わない話を始めたり、人の話を最後まで聞かずに割り込んだりした経験はありませんか。

仕事は、人と人の協調作業で進められます。場の空気が読めなくては、円滑なコミュニケーションは望めません。「場の空気を読む」とは、共感することです。また、話し手の主張を最後まで聞き、気持ちをとらえ、相手の立場に立って考える力ともいえます。

共感と勘違いしやすいのが、相手の主張に何もかも合わせる「同調」です。同調では話の広がりや発展性がありません。共感は、相手の気持ちをくみ取った上で、よりよい提案をしたり、別の視点で意見を伝えたりすることで、お互いに視野を広げ深めることができます。

共感するためには、相手の発する言葉だけでなく、意図や感情までも理解しなければなりません。

◇ノンバーバルコミュニケーションを活用する

ノンバーバルコミュニケーションとは、言葉だけでは伝えられない、しぐさや目線、表情のことです。電子メールや携帯電話がこれほど普及しても、こればかりは直接会って話さないことには伝えることができません。

たとえば、腕を組むのは自己防衛、落ち着きがないのは援助要請など、言葉だけでなく、しぐさを観察することで相手の気持ちを察することができます。

🌐相手の話を傾聴する

相手の主張や気持ちをくみ取らなければ、相手の期待に応えることはできません。「場の空気」が読めるように共感するためには、相手の話を傾聴することが重要です。

◇傾聴のレベルを高める

傾聴とは、他の人の話に耳を傾けることです。コーチングでいわれる傾聴には次の３つのレベルがあります。自分の傾聴レベルをチェックし、積極的傾聴（アクティブ・リスニング）

を心がけましょう。

●レベル1　内的傾聴

内的傾聴は、傾聴ができていないレベルです。このレベルでは、相手の話に耳を傾けながらも、聞き手が頭の中で自分の意見を考え始めてしまいます。場合によっては、話の途中で言葉をはさんでしまい相手の話の腰を折ってしまうこともあるでしょう。「コミュニケーションがかみ合わないな」と感じるときはこのレベルです。

●レベル2　集中的傾聴

集中的傾聴は、相手に意識を集中し言葉だけではなく、感情や考え方を聞く姿勢ができているレベルです。聞き手が話の腰を折ることもなく、話し手が気持ちよくメッセージを伝えることができる状態です。

●レベル3　全方位的傾聴

全方位的傾聴は、相手だけではなく、周りで起きていることも意識できているレベルです。360度周りが見えて相手の話を真剣に聞きながらも、自分や相手、周囲の状況などを客観的に見ることができています。

問題解決の近道は思考法を身に付けることにある

あなたが考える「常識」は、すべての人と同じとは限りません。問題解決では、あらゆる制約を取り除いて可能性を広げて思考する必要があります。問題解決のために、思考方法を身に付けましょう。

問題解決では制約が邪魔をする

システム開発では、提案や要求定義、機能設計、テストなど、仕事は異なっても、問題解決力が問われる場面が多くあります。問題解決力をアップするためには、もちろん経験も必要ですが、思考法の習得が欠かせません。

人は問題への対応策を考えるとき、自分が持っている既成概念や常識にとらわれてしまいがちです。「常識的に考えて間に合うわけがない」「以前までこうやってきたのだから、今さら変えられない」「自分にできるわけがない」など、今までの延長線上で思考しても、それはこれまでにも考え尽くされている内容のはずです。さまざまな制約を一度取り払って考えなければ、画期的な解決策は出てきません。

また、同じ問題を解決するにしてもさまざまな方法があります。1つの方法だけで突き進むのは、リスクが大きすぎます。二の矢、三の矢を考えておくことも必要です。

論理的に物事を考えよう

問題解決には、自分の常識や枠を超えて考えを広げ、さまざまな視点からアイデアを出さなくてはなりません。そのためには、ゼロベースで考え、オプションとして代替策を出す、ロジカルシンキング（論理的に物事を整理していく考え方）が重要です。このロジカルシンキングで、説得力のある解決策を見つけ出していきます。

◇ゼロベース思考で白紙から発想する

ゼロベース思考とは、既成の枠や一般常識にとらわれず、頭の中を白紙にして、ゼロから発想

◉図5-1　ゼロベース思考

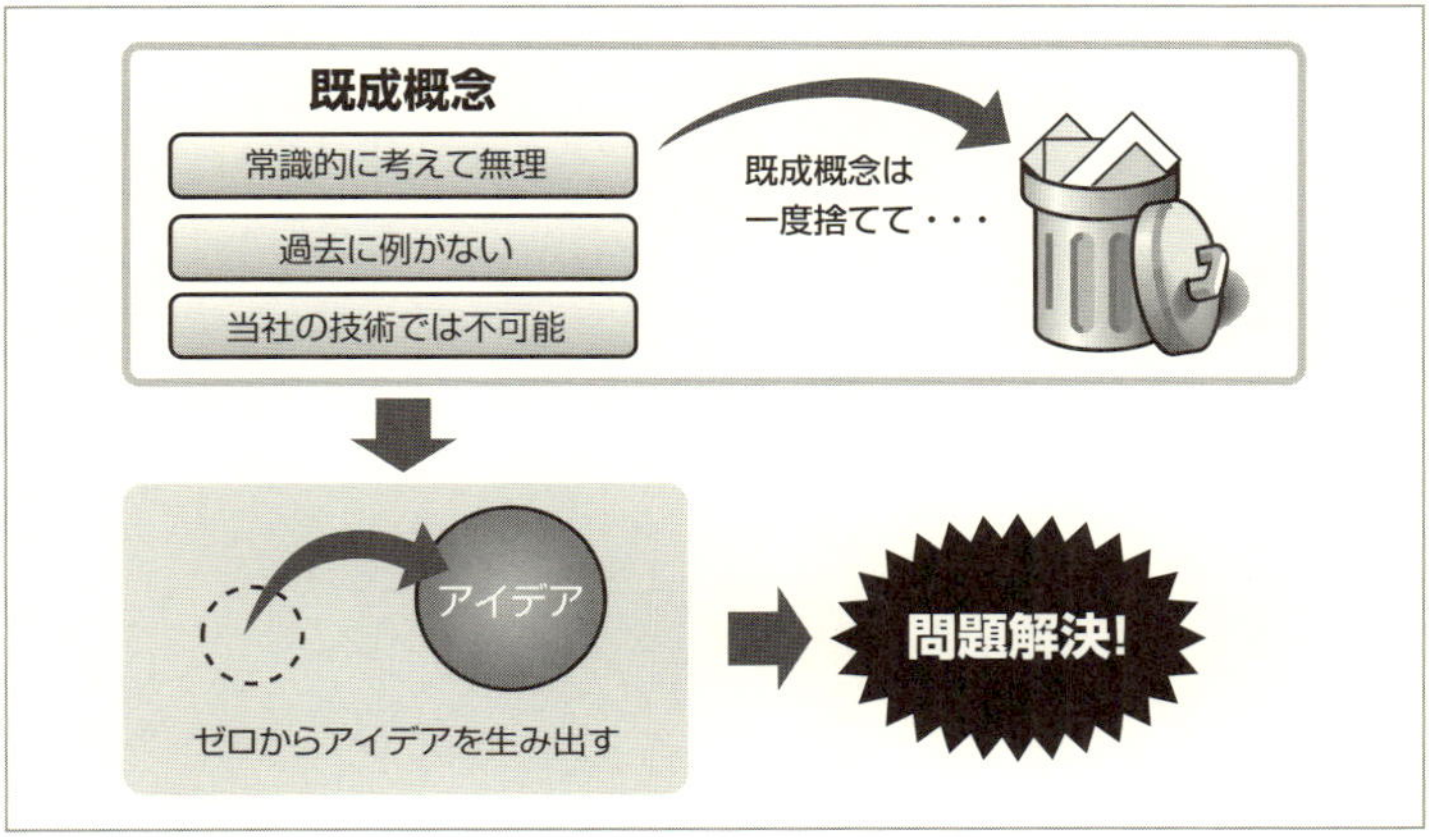

する思考法です。「過去にできたことがない」「当社にはそもそも無理」など、狭い枠の中で可能性を否定していては画期的なアイデアも生まれてきません。あえて、これまでの延長線上で考えないことで、自由な発想を促して変革を起こすことが可能になるのです。

考える視点としては、仕事上の規制や部門間の壁、経験値や時間・場所の制約などが挙げられます。「もし・・・がなかったら」というように、一度取り払って思考してみることが重要です。

◇オプション思考で代替案を出す

オプション思考とは、問題の解決策を1つではなく、複数の案を出す思考法です。たとえば、システム開発で本番化のスケジュールに影響するほどの大きな品質問題が起きたときには、次のような解決策が考えられます。

- スケジュールを延期して、同じ人数で品質を改善する
- スケジュールを延期せず、人を増員し品質を改善する
- 品質問題が起きた機能をカットして、他の仕事を進める

1つの案だけに絞り込むと、実行するかしないかの議論に終始しがちですが、複数の代替案を用意することによって、目的達成のために最適な策を選ぶことができます。オプション

思考では、目的を明確にして達成するためにどのような手段がよいのか、ゼロベース思考で複数の代替案を考える必要があります。また、その代替案を効果や費用など目的に照らして評価することも重要です。

先人の知恵を集めた思考プロセスを再利用する

システム開発と同じように、思考プロセスにもフレームワークが存在します。それを現場で実践すれば、もっと効率的に考えることができるようになります。思考のフレームワークを活用しましょう。

思考プロセスも再利用できる

最近では、Javaのプログラムを一から手作りすることはほとんどなくなりました。なぜなら、ライブラリやフレームワーク、デザインパターンなどが普及しており、それを再利用することで品質や生産性を上げることができるからです。今後、手作りでしか開発できないSEが自然淘汰されていくことは間違いありません。

これと同じことが、問題分析や戦略立案のための思考にもいえます。自分の頭で一から考えることも、もちろん大切ですが、思考のためのフレームワークを利用するのが効果的です。これらは先人の知恵を集めた思考プロセスの集大成ともいえ、使わない手はありません。

思考フレームワークを豊富に知っている人ほど、さまざまな視点から物事を見ることができ、よりよい解を探索するプロセスを踏むことができるはずです。

思考フレームワークを実践しよう

効率的に思考するスキルを身に付けるためには、思考のフレームワークを理解し、現場で少しでも実践していくことが重要です。特に提案活動で、顧客企業の環境分析をする際に活用することをお勧めします。

◇フレームワークで思考する

「フレームワーク」は、Javaを知っているSEには馴染みのある言葉ではないでしょうか。つまり、設計やプログラミングの作業を進める上での「枠組み」です。

思考法にも同じように枠組みがいくつも存在します。たとえば、代表的なフレームワークに、

◉図5-2　思考フレームワークの利用

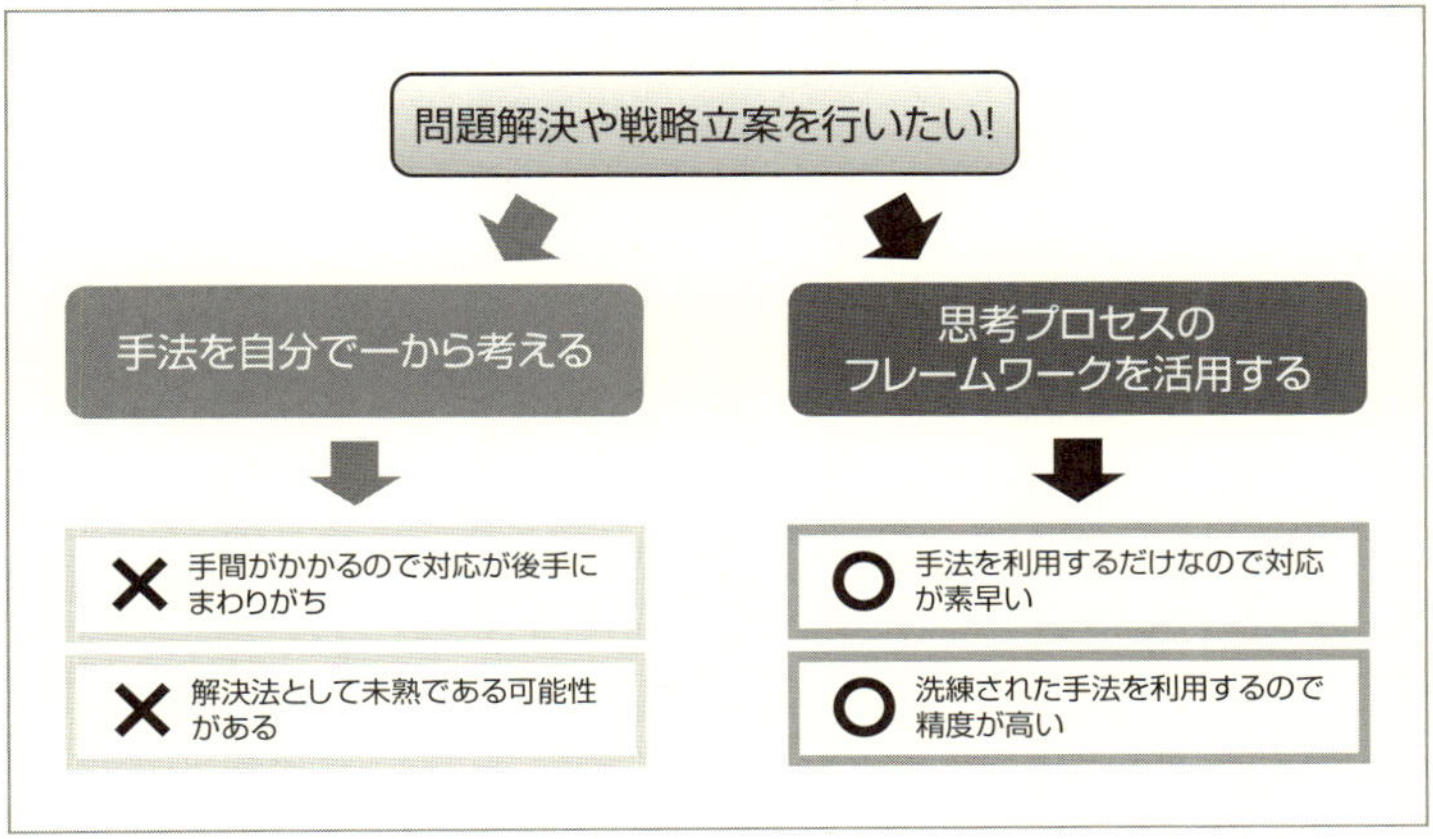

MECE(Mutually Exclusive Collectively Exhaustive)があります。これは「それぞれがダブりなく全体として漏れがない」という意味で、男・女の区別や組織図などがその簡単な例です。MECEをはじめとするロジックツリーは、問題の分析や対策の立案で有効な思考法で、主な戦略フレームワークの基本原則になっています。

◉表5-1 環境分析・戦略立案の代表的なフレームワーク

フレームワーク	内容
SWOT分析	Strengths(強み)、Weaknesses(弱み)、Opportunities(機会)、Threats(脅威)の4つの視点で事業の成功の可能性を分析する
3C	Company(自社)、Customer(顧客)、Competitor(競合)の3つの視点でマーケティングの環境を分析する
4P	Product(製品)、Price(価格)、Place(流通)、Promotion(販売促進)の4つの視点で、マーケティングミックスを構成する
5Forces	新規参入の脅威、代替品の脅威、競争相手との敵対関係、買い手の競争力、売り手の競争力の5つの力により、業界構造を分析する
PPM(プロダクト・ポートフォリオ・マネジメント)	業界の魅力と事業の強みの2軸で事業を評価し、経営資源の配分を検討する
バリューチェーン分析	バリューチェーン(価値連鎖)に着目して、企業の生産活動における付加価値の源泉を分析する
バランスドスコアカード	財務、顧客、ビジネスプロセス、学習と成長の4つの視点から評価指標を設定し、経営業績をバランスよく評価する

聞き手を動かすためのプレゼンテーションを心がける

プレゼンテーションは聞き手を動かすために存在します。聞き手を動かすためには、明確な目的と聞き手の状況にあったストーリーの組み立てが必要です。聞き手の立場に立って、わかりやすくプレゼンテーションしましょう。

プレゼンテーションは人を動かすための活動である

プレゼンテーションは、自分の意図にあった行動を相手に起こさせるため、相手をいかに説得するかというコミュニケーション活動の1つです。プレゼンテーションがわかりにくかったり、単に見栄えがするというだけでは、聞き手は行動に移してくれず、目的を達成してはいません。

ＳＥは、「システムの企画を提案する」「システム商品の魅力を伝える」など、プレゼンテーションしなくてはならない場面が多くあります。また、チームリーダーであれば、「若手ＳＥに技術教育する」「組織に対して運営方針を浸透させる」というケースもあるでしょう。

プレゼンテーションで人を動かすためには、その目的を明確にし、聞き手の立場でわかりやすいストーリーを組み立てなければなりません。

聞き手の立場でわかりやすくプレゼンテーションしよう

聞き手不在のプレゼンテーションでは、何も成果を上げることはできません。目的を絞り込んで、聞き手の立場や状況などを把握し、それらに合ったストーリーを組み立てることが重要です。

◇目的を明確にする

聞き手に何を伝えたいのか、目的を明確にすることが重要です。目的が明確であればあるほど、「仕事を受注する」「販売提携を結ぶ」など、短く言い表せるはずです。これを、マッキンゼーのビジュアル・コミュニケーション・ディレクターであるジーン・ゼラズニー氏は著書『マッキンゼー流プレゼンテーションの技術』（東洋経済新報社刊）の中で、「目的

●図5-3　プレゼンテーションで相手を説得する

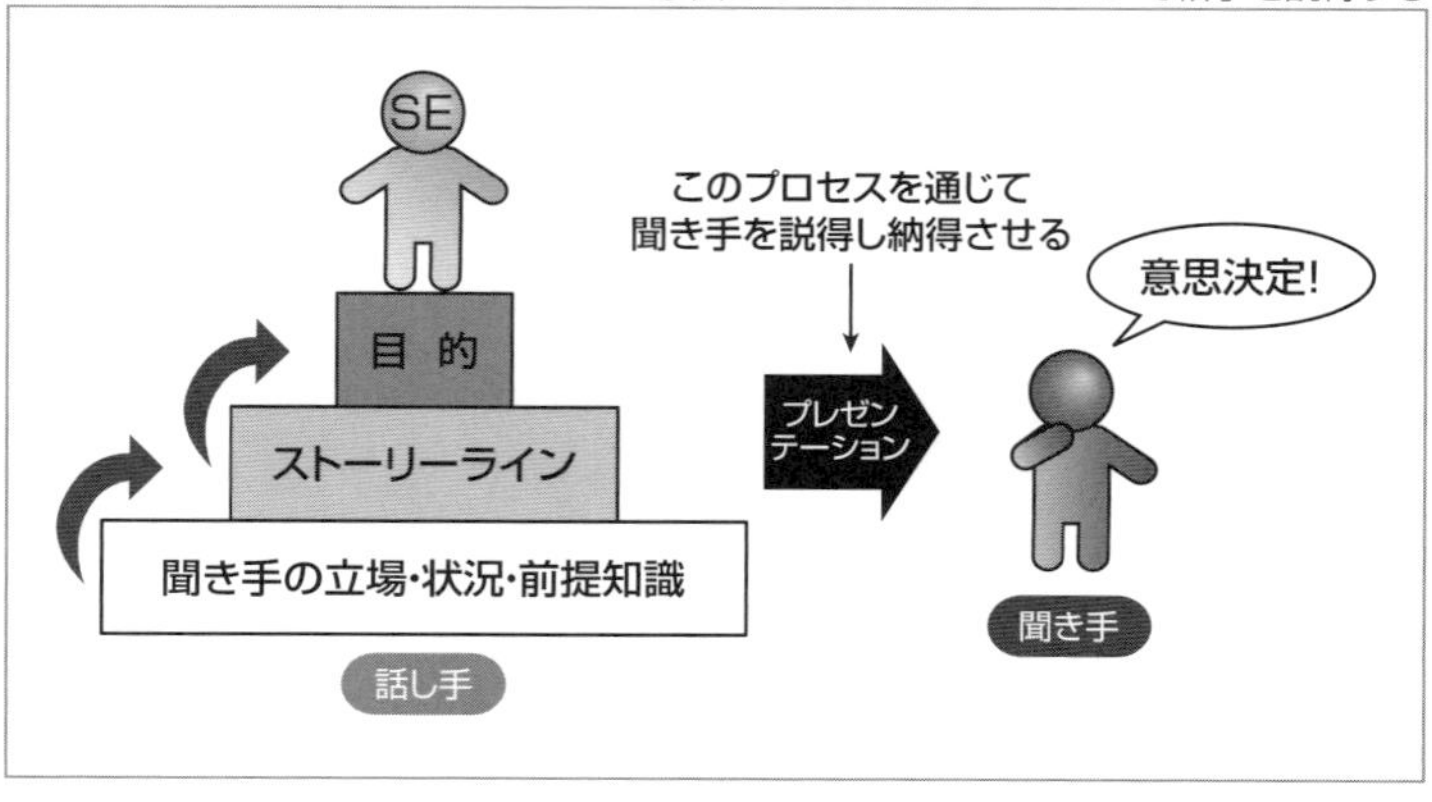

は1行で表現できる」と述べています。

◇**聞き手を知る**

プレゼンテーションの目的を達成するためには、聞き手の立場や状況、前提知識なども把握しておく必要があります。相手を知らなければ、目的に合ったストーリーを組み立てることは難しくなります。

特に、限られた時間で効果的に説明して目的を達成するためには、意思決定者が誰かを把握して、それに合ったストーリーラインを組み立てることが重要です。

◇**最初と最後に要約する**

プレゼンテーションの冒頭で聞き手の興味を引くため、これからどのように話を展開するのか、結論は何なのかを簡潔に触れておくとよいでしょう。また、最後に内容を簡潔にまとめ、特に強調したいことを再度述べるのも、記憶に残すためには有効です。

◉図5-4　最初と最後に要約する

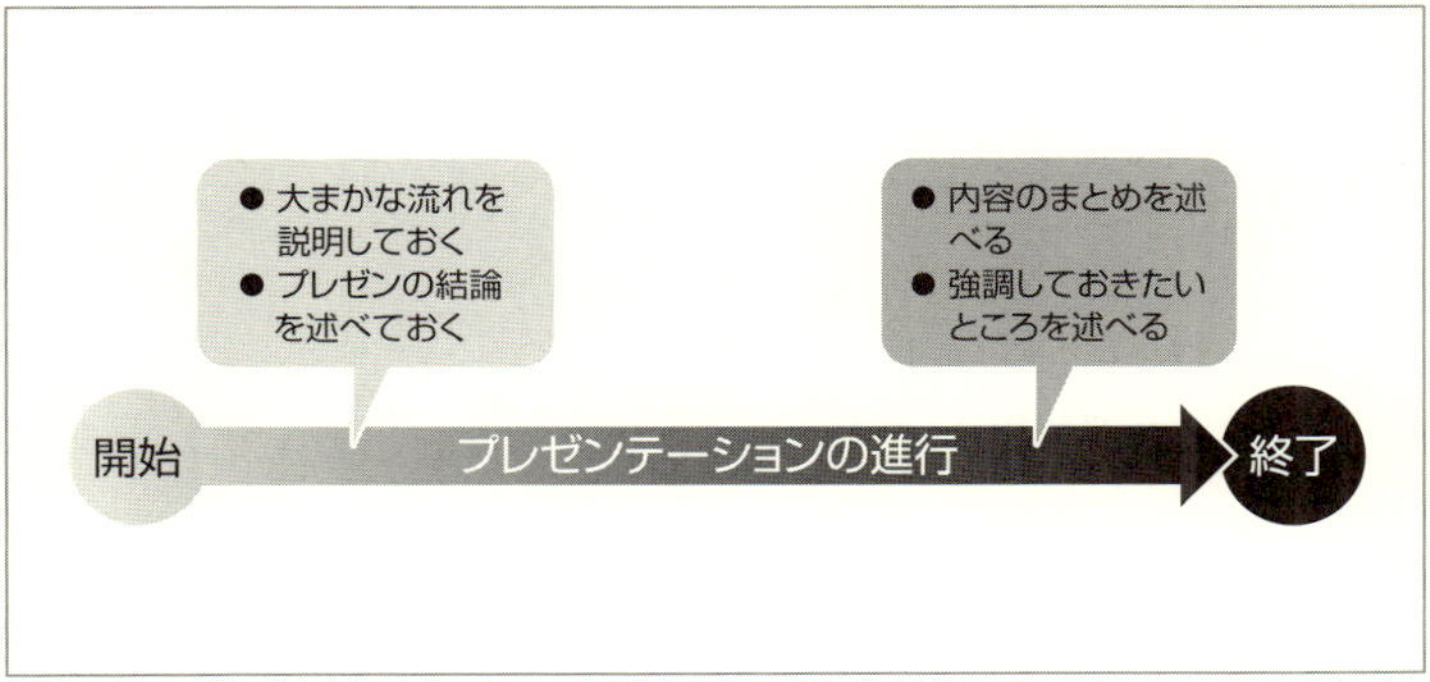

プレゼンテーションはツールに頼らない

プレゼンテーションツールは道具に他なりません。スライドはあまり凝らず、聞き手が集中しやすいようにシンプルにすべきです。スライドは脇役にして、主役の発表者で勝負しましょう。

スライドが主役なら発表者は誰でもよい

顧客の前でのプレゼンテーションは、売り込み活動そのものです。しかし、スライドを棒読みする、緊張する、自信なくしゃべるなど、なかなかうまくいかずに悩んでいるＳＥが多いと聞きます。また、パソコンによるプレゼンテーションが一般的になった現在、凝ったアニメーションや派手な色使いのスライドを多く目にするようになりましたが、これは本来、必要でしょうか。

スライドはあくまでも脇役で、主役は発表者です。スライドがあまり凝っていると、内容より外見でごまかしていると見られかねません。道具に凝らず、「発表者である自分自身を引き立てるためにスライドを作成する」という視点で取り組む必要があります。

🌐発表者が主役になるプレゼンテーションをする

発表者があなたであることに、プレゼンテーションの価値があるはずです。スライドは、より説得力を増すための補助教材に過ぎません。スライドはシンプルにして、プレゼンテーションのやり方を工夫すべきです。

◇スライドはシンプルにする

聞き手が説明に集中しやすいようにするためには、表5－2のようにして、スライドをシンプルにするのが有効です。

◇アイコンタクトで顧客へ語りかける

数十人以上の多くの聞き手がいると、どんな発表者でも緊張しやすくなってしまいます。しかし、個々をみれば、さまざまなニーズを持った聞き手が集まっているに過ぎません。

まずプレゼンテーションを始めたときに、話しをよく聞いてくれそうな（下ばかりを見ていない）人を探します。プレゼンテーションでは、その人にアイコンタクトをしながら語りかけ、近くの人でまた探して

◉表5-2　スライドのポイント

スライドの要素	ポイント
図表・文字	文字の羅列は避けて図表を中心にし、文字は大きめの字を使う
カラー	2〜3色に絞り、円グラフで強調したい部分など、効果が望める範囲に限定して使う
アニメーション	物の流れなど、動きがなければわかりにくい部分に限定して使う

アイコンタクトを続けます。

このように、視線を移しながら個々の聞き手に語りかけることで緊張がおさえられ、話を聞いてくれているということから、さらに自信を持って続けることができます。

◇自信と熱意を持つ

聞き手は、発表者の自信と熱意に動かされます。自信を持つためには、どんな質問にも答えられるよう、資料の裏付けとなる事実を持っておかなくてはなりません。リハーサルを重ね、成功への確信を持っておくことも忘れてはいけません。

また、熱意を持って聞き手を退屈させないように表現することも重要です。

読み手を意識した文書を作る

読者ターゲットが不在の文書は、身勝手な作文に過ぎません。読者を動かすためには、目的を絞り込み、読者の立場にフィットさせるようにしましょう。

読者不在の文書は存在意義がない

すべての文書には、想定読者(ターゲット)が存在します。たとえば、業務運用マニュアルはユーザー部門の担当者、プログラム設計書はプログラマ、プロジェクトの進捗報告書は顧客など、各文書は読者に合わせた内容となっています。

最近では、システムに適用する技術のバリエーションが広がるにつれて、1社のみでは対応できず、複数の企業と共同で開発を進めるケースが多くなってきています。また、中国などアジア諸国へオフショアする傾向は、コスト削減のためにも避けられません。SEは他社や海外の企業と仕事をする機会が増えており、相手に合わせて、わかりやすく書く必要に迫られています。

そのためには、文書の目的を明確にして多くのメッセージを詰め込まないようにしつつも、前提となる情報をきちんと盛り込むことが必要です。

読者の立場に立って文書を作成しよう

文書にどのような情報が必要でどのような情報が不要なのか、読者を想定して盛り込む情報を決定する必要があります。また、読者を混乱させないため、目的を明確化することも重要です。

◇書く目的を明確にする

文書によって読者を動かすためには、何のために書いているのか、目的を明確にする必要があります。たとえば、「製品を高く売り込む」「トラブルの再発を防ぐ」など、文書によってその目的はさまざまです。主題が絞り込めずに複数のメッセージが盛り込まれた文書は、読者を混乱させてしまうだけです。

◇読者の立場に立つ

文書を書く際には、それを読む読者を想定することが非常に重要です。なぜなら、読者の知識レベルやスキルによって、何を前提にすべきか、どこまで掘り下げるべきかが変わってくるからです。読者を想定していない文書は、ユーザーを無視して情報システムを運用設計しているのと同じといえます。

情報システムに関する文書は、それを読む人がどの程度の知識を持っているのか、その知識があることを前提にすべきなのか、それとも基礎的な解説まで含める必要があるのかを決めなくてはなりません。場合によっては、前提の前提までさかのぼって記述する必要もあります。

どこまで掘り下げるかの具体例は、次のようになります。

●システム設計書

金融業界の「積算」など、対象業務の常識ともいえる基礎的な業界用語まで解説すべきか。

●システム開発提案書

ＲＦＰ(Request For Proposal：提案依頼書)に対応していることを示すため、ＲＦＰの内容をのせるか。

●ネットワーク設計書

ネットワークの構成設計書に、無線LANや暗号化機能などの技術を前提知識として解説すべきか。

◉図5-5　読み手を意識した文書を作る手順

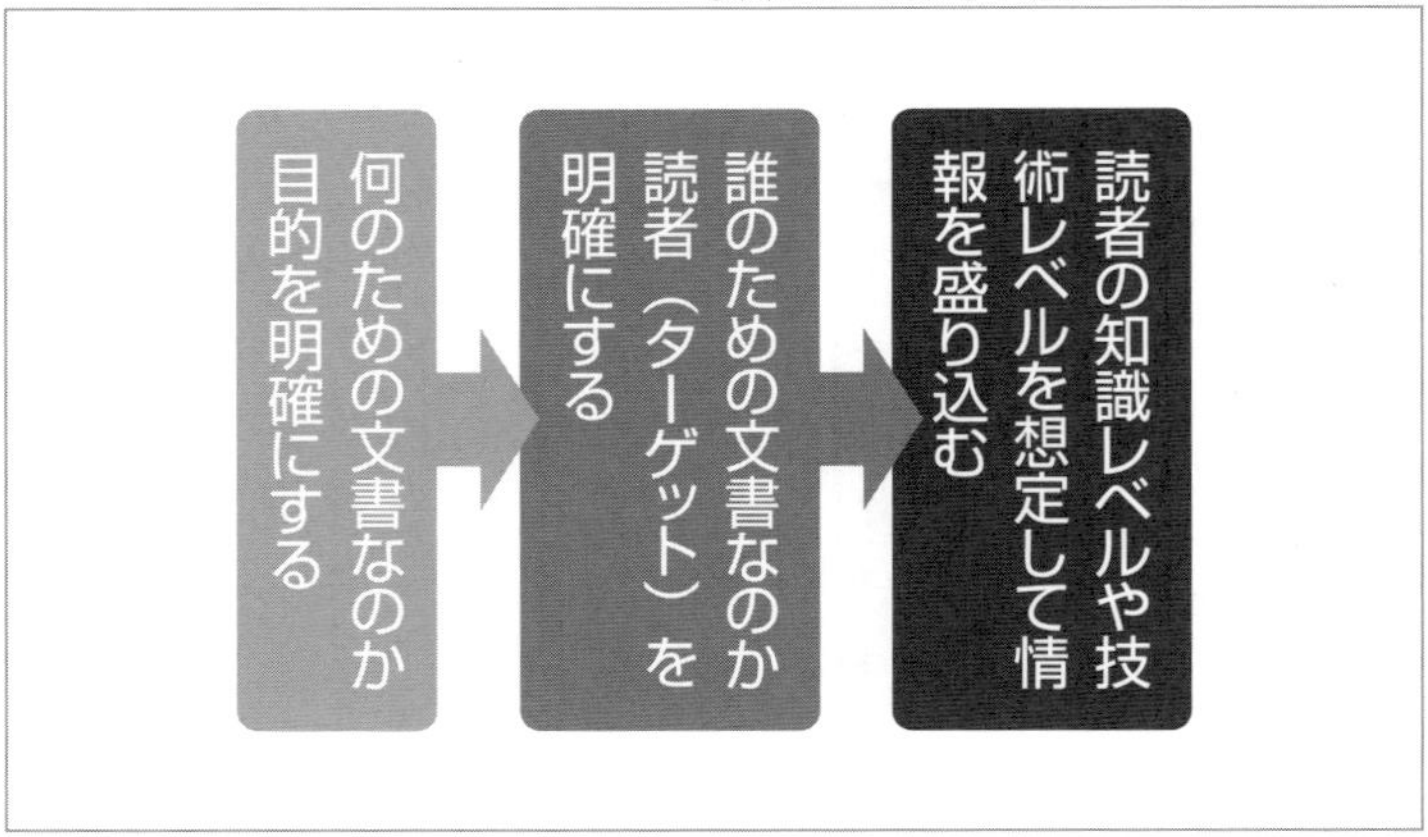

上司への報告・連絡・相談や顧客への提案書は結論から入る

ビジネスがスピードアップする中、意思決定にはますますの効率化が求められています。順序立てて説明する起承転結のスタイルでは、このスピードについて行けません。上司への報告・連絡・相談や顧客への提案書は、結論から入り、根拠を後から展開するようにしましょう。

起承転結のスタイルはビジネスには向かない

「お決まりの挨拶から始まって検討の経緯や結論にいたった理由を述べ、そして、さほど重要ではない別の視点が展開され、最後に結論が導かれる」というのは起承転結のスタイルですが、起承転結では、最近のビジネススピードについて行くことはできません。なぜなら、最後までいかなくては結論を理解できず、途中で不必要な情報まで与えているからです。

ビジネスでは、もともと結論ありきで、起承転結の「転」は不要です。また、できるだけ相手に負担をかけずに理解させる必要があります。そのためには、口頭や文書、電子メールのどの方法であっても、始めに結論を述べ、その根拠を展開していくことが重要です。

上司に喜ばれる報告・連絡・相談をしよう

報告・連絡・相談はプロセスではなく、結論から先に入る必要があります。その他に重要な点は、上司が求めているタイミングで、上司が求めている情報を伝えることです。

●情報は鮮度を優先する

ぐずぐずしている間に、情報の鮮度は落ちてしまいます。情報が発生したら、すぐに報告するクセを付けましょう。特に緊急の場合は、その場から伝えるようにします。また、「問題なし」という情報でも、上司にとっては重要ですので、きちんと伝えることが大切です。

◉図5-6　文学作品とビジネス文書の違い

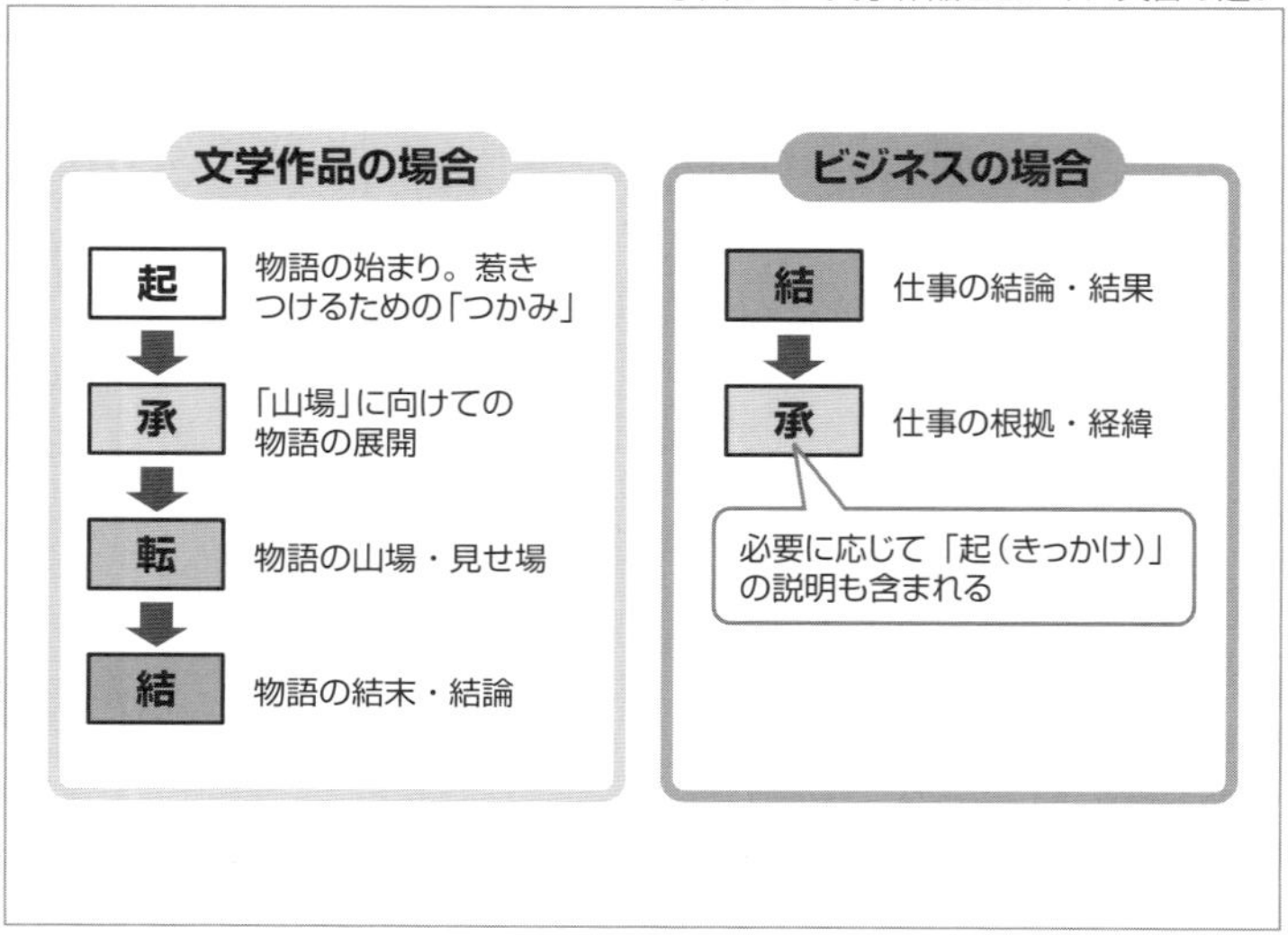

文学作品の場合
起
物語の始まり。惹きつけるための「つかみ」
承
「山場」に向けての物語の展開
転
物語の山場・見せ場
結
物語の結末・結論
ビジネスの場合
結
仕事の結論・結果
承
仕事の根拠・経緯
必要に応じて「起（きっかけ）」の説明も含まれる

●悪い情報ほど率直に伝える

よい情報は報告しやすいですが、悪い情報はどうしても報告しにくくなってしまいがちです。しかし、悪い情報を上司・会社に報告するのが遅くなったり、ごまかそうとしたりすると、逆に状況が悪くなってしまいます。悪い情報ほど、ありのままを率直に伝えるようにしましょう。

●あいまいな意見より事実を伝える

報告は、正確さが第一に重要です。そのため、報告する際には、事実と、意見や推測などは区別する必要があります。あいまいな意見にならないようにするには、裏付けとなる資料を持って報告するとよいでしょう。また、期限や数量、価格などは、具体的な数字で伝えるようにします。

話の要点は30秒で伝える

「エレベーター・ブリーフィング」をご存知ですか。これは、忙しい上司と一緒にエレベーターに乗り込み、到着するまでの間に短時間で説明する交渉スキルです。

持ち時間はせいぜい30秒程度で、起承転結のスタイルで経緯を長々と説明していると、最後の「結」までいくことができないかもしれません。短い時間で承認を得るためには結論から入る必要があります。結論に対する上司の反応を見ながら根拠を付け加えていくのです。

文書や電子メールでも同じで、忙しい読み手の身になれば、結論を冒頭に持ってくるべきでしょう。

人を説得できる文章力は書いた文章の量と質に比例する

プログラムの作成は得意でも、文章を書くのが苦手なＳＥは多くいます。しかし、文章力がなくては、持っている実力も相手には伝わりません。書くことは思考することに他なりません。まずは、考えすぎずに文書を書き始めましょう。

文章力がないと実力も伝わらない

ＳＥは、顧客との対話を通して提案書や見積書、報告書などを作成する局面が非常に多くあります。たとえば、要求定義のフェーズであれば、顧客からシステム化の要求などを聞き、情報収集を行います。次にその内容を自分の中で消化した上で文書化し、最後に、チーム内部でレビューした後、顧客とのレビューによって合意を取り付けることになります。

ＳＥには、技術力や設計力がもちろん必要です。しかし、文章力がなければ、技術検討書や要求定義書、設計書などがわかりにくくなり、そのスキルが高いこと自体も相手には伝わりません。

仕事の成果を理解してもらうためには、相手に正確に意図を伝えるだけの文章力を持つことが必要です。

🌐考えすぎずに書き始めよう

相手に意図を伝えるためには、どのように伝えたらよいのかを整理し、わかりやすい表現で文章を書かなくてはなりません。しかし、最初から文章の達人はいません。考えすぎず、ためらわず、まずは書き出すことが重要です。

◇書くことは思考することにつながる

あまり考え込まず、まずは書き始めましょう。いったん書き始めれば、食事中であろうと通勤中であろうと無意識に考えをめぐらすようになります。

頭の中で整理できないことは書けません。書いていることは、自分の中で整理できたことです。そう割り切って考え続け、自分の中で脳内対話をすることが重要です。

◇ワン・センテンスはワン・メッセージにする

わかりやすい文章を書くためには、1文を短くすることにより、多くの情報を詰め込みすぎないことが重要です。ワン・センテンスは、ワン・メッセージになるようにします。

1文が長くなると、複数のメッセージが混在し、何を伝えたいのかわからなくなりがちです。そのときは、とにかく文章を切って、１文ずつ何がいいたいのか、確認していくとよいでしょう。

◇７±２で読み手の記憶に残す

人は、一度にいくつまで物事を覚えられるかご存知でしょうか。答えは、おおよそ９個です。認知心理学の有名な定理に、「７±２」があります。人が一度に覚えられるのは、言語のかたまりとして５～９個。それを20秒間は短期記憶に蓄えることができるそうです。

この定理を文章の理解に当てはめてみましょう。文章は、主語や述語、形容詞などで構成され、これを一単位とみたとき、長文になるほど短期記憶の範囲からあふれてしまい、読む時間も20秒を超えてしまいます。その結果、何度も読み直さなければ理解できない文章となってしまうのです。

コミュニケーションを電子メールに頼りすぎない

デジタルを扱うＩＴ業界だからこそ、アナログなコミュニケーションも大切にしなければなりません。コミュニケーションを電子メールに頼りすぎず、電話や直接的な訪問によるコミュニケーションも積極的に行うようにしましょう。

メール依存症によるコミュニケーションの不足

ＩＴ業界にいると、パソコンやスマフォなどの道具が身近に多いためか、陥りやすいのがメール依存症です。オフィスで、在席中にもかかわらず、近くに座っている同僚に電子メールで仕事を頼むということがあります。頼む方は記録に残したり、言い出しにくかったりしたため、電子メールにしたのかもしれません。

しかし、電子メールは相手の感情が読み取れず、文面だけでは冷たい印象を与えやすい性質を持っています。話せばわかることも、受けた方はつい拒絶したくなり、人間関係がギクシャクしてしまいます。

たとえば、顧客からのクレームに対して、お詫びの文章のひな形を貼り付けて商品名を変更し、顧客へ返信したとします。次に同じ顧客から続けて起きた別の商品のクレームにも、また同じように対応して返信してしまうと、顧客からは「まるで誠意がない」と怒りを買うことになります。直に相手先を訪問するか、電話を1本するだけで、随分と印象は異なるはずです。

コミュニケーションのツールは使い分ける

電子メールはとても便利なツールですが、その電子メールも数あるコミュニケーションツールの1つでしかありません。「直接会う」ということもコミュニケーションツールの1つととらえた場合、ビジネスの現場では、「電子メール」「手紙」「電話」「直接会う」の4つのツールを主に使ってやり取りしていることになります。

ツールに使われるのではなく、そのメリット・デメリットを意識して、相手や場面、タイミングによってツールを使い分けることが重要です。

◇電子メールは補完的に使う

電子メールにはメリット・デメリットがあります。コミュニケーションの基本は直接会うこと（フェイス・トゥー・フェイス）です。電子メールは、直接会うことや電話を補完するツールとして使いこなす必要があります。

電子メールで注意したいのが、言葉の言い回しです。文字で書かれたことがすべてであるため、言い回しによってはニュアンスが伝わらず、相手に戸惑いを与えかねません。一度書いたら何度も読み直すべきです。

◇クレーム処理に電子メールは禁物

クレームメールでは、顔を見たり、電話による声の変化を聞き取ったりすることができないため、よりていねいな対応が欠かせません。特にトラブルが絡んでいる場合、相手が感情的になっている可能性もあります。

クレームメールが来たら、受け取った旨をすぐに返信し、調査結果については、電話でていねいに誠意を持って説明する

◉表5-3　コミュニケーションツールの特徴

方法	メリット	デメリット
電子メール	●不在でもメールボックスへ届く ●複数の人に同時に要件を伝えられる ●送った記録が残る ●面識がなくても抵抗感が小さい ●ほぼ無料	●メールボックスをチェックしなければ読まれない ●やや口語的でいいっ放しになりやすい
手紙	●ていねいな印象を与えられる ●相手に届いた時点できちんと要件を伝えられる	●相手に届くまで時間がかかる ●小さな要件でも費用がかかる
電話	●急用時に連絡できる ●相手の話に対しすぐにリアクションを返せる ●声の調子から感情を読み取れる	●相手の時間に割り込んでしまう ●記録に残りにくい ●遠距離だと費用が高い
直接会う	●声や表情、しぐさなどから相手の気持ちを読み取るノンバーバルコミュニケーションができる（XXXページ参照）	●会うために時間や場所を確保しなければならない ●面識がない場合には会いにくい

必要があります。また、場合によっては上司などの責任者から説明しなければならないこともあります。

基本原則をおさえて電子メールで差別化する

電子メール1つで、信頼を失うこともあれば一歩先に行くこともあります。タイミングと件名、読みやすさを考慮して、電子メールで他の人との差を付けるようにしましょう。

電子メールでわかるあなたのビジネスレベル

電子メールは手軽で使いやすい反面、簡単だからこそミスを犯しやすく、知らず知らずのうちに相手に迷惑をかけたり不快にさせてしまうことがあります。記録にも残りやすく、たかがメールと侮るべきではありません。

図5－7のメールでは、次のような問題点があります。

◉図5-7　悪いメールの例

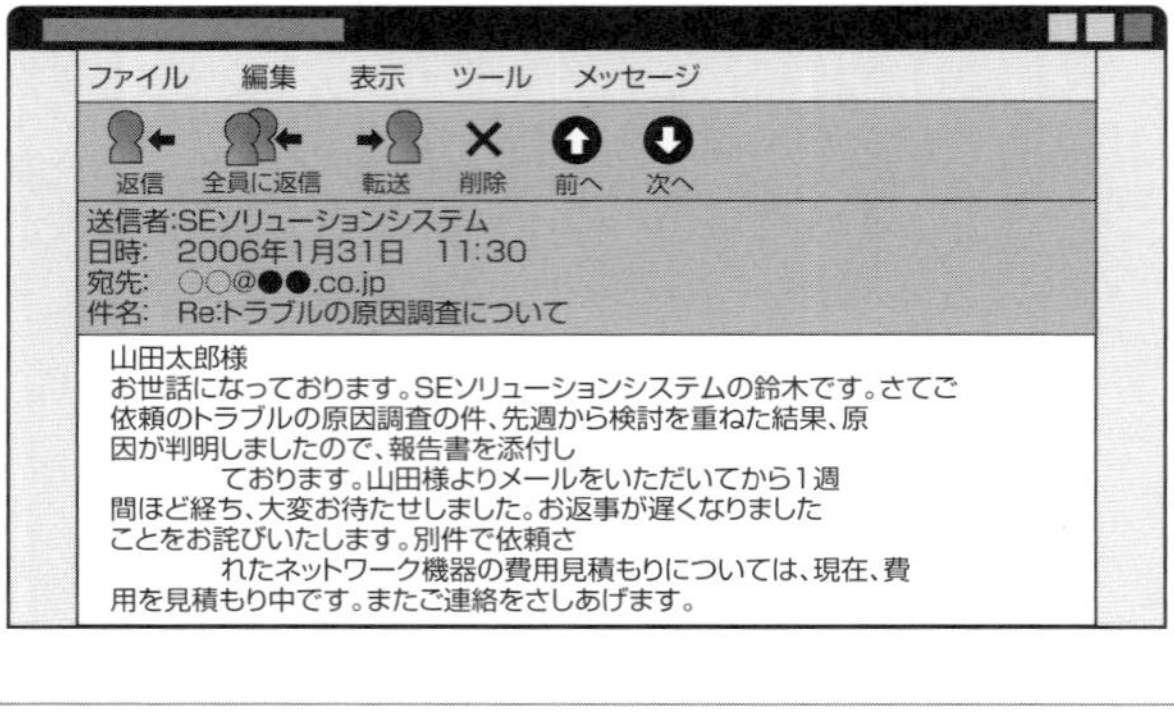

ファイル　編集　表示　ツール　メッセージ
返信　全員に返信　転送　削除　前へ　次へ
送信者:SEソリューションシステム
日時:　2006年1月31日　11:30
宛先:　○○@●●.co.jp
件名:　Re:トラブルの原因調査について
山田太郎様
お世話になっております。SEソリューションシステムの鈴木です。さてご
依頼のトラブルの原因調査の件、先週から検討を重ねた結果、原
因が判明しましたので、報告書を添付し
ております。山田様よりメールをいただいてから1週
間ほど経ち、大変お待たせしました。お返事が遅くなりました
ことをお詫びいたします。別件で依頼さ
れたネットワーク機器の費用見積もりについては、現在、費
用を見積もり中です。またご連絡をさしあげます。

- 受信して1週間後に返事をしている。トラブル関連のため急いで返信しなければならない。謝罪すればよいというわけではない。
- 件名がReのままでわかりにくい。内容を表す件名とし、「原因調査結果の報告」などとすべきである。
- 文面は、原因調査の報告と、別件の機器の見積もり状況の2つが混在している。要件ごとにメール本文を分けて、個別に送信すべきである。
- 自動改行機能を使っており、相手に正しく見えるとは限らない。読みやすくするため、意図的に段落ごとに空白行を入れるべきである。

電子メールではタイミング・件名・読みやすさを重視する

電子メールの使い方ひとつで、他の人との差が付きます。裏を返せば、使い方が悪ければ差を付けられる可能性もあるのです。電子メールは、タイミング・件名・読みやすさの3点をセットにして留意するようにしましょう。

◇電子メールによる差別化の基本原則

同じような返事をするにしても、その書き方や返信のタイミング、件名などで、読み手によい印象を与え、他の人と差別化することができます。

●クイックレスポンスで印象付ける

同じ「了解しました。」や「訪問します。」でも、半日以内の返事と2～3日後の返事では、相手に与える印象も異なります。タイムリーな返事によって、行動的な印象を与えることができるだけでなく、相手の意思が変わる前に仕事をテンポよく進めることができます。

●件名だけで内容がわかるようにする

数多くのメールを受け取る多忙な相手に負担をかけさせないためには、内容をすべて読まなくても、件名で趣旨がわかるようにしなければなりません。依頼・確認・報告の区別を付加したり、返信で別の話題にする場合には、「Re」のままではなく新しい件名を付与するべきです。

●空白行を入れて文面を読みやすくする

ディスプレイ越しに見る文面は、目が疲れやすいために印刷物よりも集中力が低くなるという研究結果があります。読みやすくするためには、内容の節目でこまめに段落を分け、空白行を入れるとよいでしょう。

◇ややこしいメールは一日寝かす

クイックレスポンスが基本的にはよいのですが、一日寝かした方がよい場合もあります。それは、読み手にとって苦痛となるような苦情や意見のメールです。書き手は、そのときの感情のままメールを作成してしまいがちです。文面の言い回しが冷静で上手に気持ちを伝えられているのか、誤解が生じる恐れはないのかという視点で自己点検をするべきです。自己点検する際には、高ぶった感情を忘れるため、一晩寝て次の日に確認しましょう。

第6章
勝てるチームリーダーの法則

組織をまとめるリーダーシップを身に付ける

チームリーダーは、組織の要です。チームリーダーが組織運営を怠れば、ＳＥは疲弊してしまいます。ミッションを明確にし、ＳＥの模範として行動していくことが重要です。

チームリーダーは組織を支える基盤である

チームリーダーは、事業目標のもとに事業計画を作成し、部下のＳＥに仕事を割り振って、実行上の最終責任を負います。また、ＳＥを育成していくことも重要な役割の１つです。

しかしながら、仕事に追われ、ＳＥを消耗品のようにみなしてしまって人材育成をおろそかにする、人材不足で自分さえもＳＥとして仕事にどっぷり入り込むといったことに陥りがちです。これが続くと、メンバーの士気が下がって疲弊し、組織としてのパワーが結集できなくなります。

チームリーダーは、組織目標のもと、メンバーのモチベーションをいかに上げ、成果を生み出すか、個人のスキル不足をいかに補うか、どのようにリーダーシップを発揮すべきかを真剣に考える必要があります。

リーダーシップを発揮して組織をまとめる

チームリーダーの役割を果たすためには、リーダーシップを発揮して組織のSEをまとめ、個々の力を足し算ではなく掛け算で引き出すように工夫することが重要です。

◇組織のミッションを明確にする

誰もが優秀で自立的に動けるSEであれば、苦労はありません。しかし、現実は厳しく、SEによってサポートのレベルを変えていく必要があります。

個人の弱みは、組織でカバーします。各人の役割を意識させるだけでなく、組織のビジョンや課題を達成するために、各人に貢献させることが重要です。そのためには、組織のミッションを明確にしなければなりません。

◇リーダーシップを発揮するための行動原則

チームリーダーは、SEの模範とならなければなりません。筆者が考えるリーダーシップの行動原則には多々ありますが、集約すると次のようになります。

- 貪欲に最新技術や顧客業務を学習し、自己成長を止めない
- 新技術や手法に臆することなく、組織へ早期に取り入れる
- 営業交渉やトラブルなどで即断即決し、軌道修正していく

●自部門にとどまらず、営業部門や他社との調整をこなす
●時間に厳しく人を待たせない、納期は絶対に守る
●有言実行で、決めたことは必ずやり遂げる責任感を持つ
●「実るほど頭を垂れる稲穂かな」の姿勢で謙虚に誰とでも話をする

◇リーダーシップ理論を学ぶ

リーダーシップやモチベーションの理論には、マズロー（アメリカの心理学者）の欲求5段階説やマグレガー（アメリカの心理学者）のX理論／Y理論、SL理論（部下の成熟度に応じてリーダーシップの発揮の仕方を変化させるという理論）など数多くあります。しっかりと学んでおきましょう。

対人能力も経験次第で向上できる

技術を幅広く経験することで技術力が広がるように、対人能力も鍛えることができます。10年間、まったく同じ部下と過ごした職場と、2、3年おきに職場を変えたのでは何が違うでしょうか。それは、仕事で付き合った人のタイプです。人には実にさまざまなタイプがいます。できるだけ多くの対人関係を経験して失敗を積み、対処法を学ぶかどうかで、対人能力に差が出てくるのです。

◉図6-1　マズローの欲求5段階説

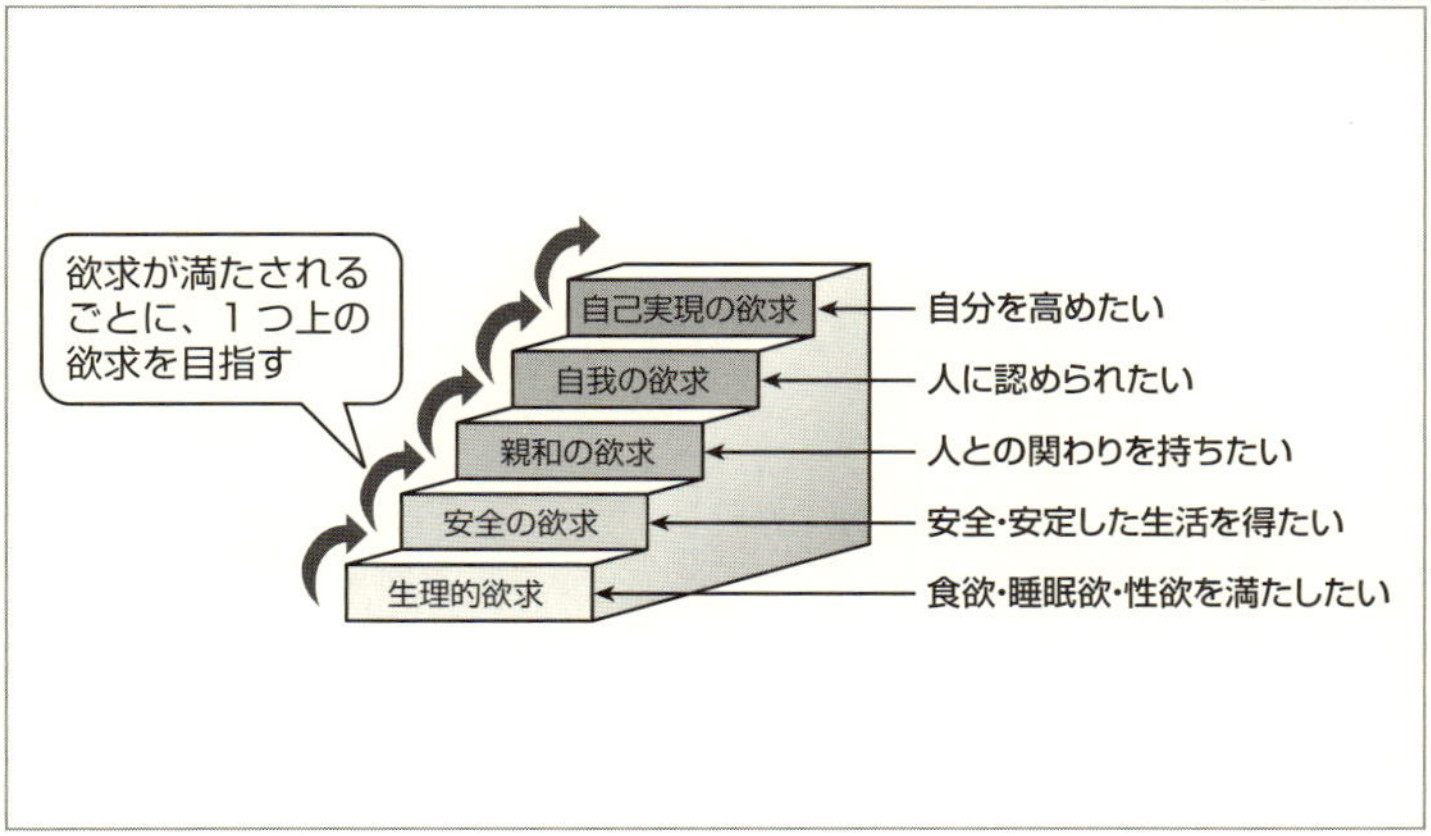

組織力を高めるためにも1人で仕事を抱え込まない

優秀なSEほど、1人で仕事を抱え込む罠に陥りがちです。組織の実力を強化するためには、仕事をチームワークで実行する必要があります。他の人と仕事を分担しましょう。

自分で何でも解決する自称「優秀」なSE

「自分がやった方が早い」「部下には任せられない」というチームリーダーやSEがいます。特に技術的に優秀なタイプほど、自分で何でも解決してしまうため、他人に仕事を振ったり、後輩をうまく育てることができない傾向にあるようです。その結果、ノウハウが個人に留まって組織に蓄積されにくくなりがちです。

こういったSEは、一般的にプライドが高く、他人の力を借りようとはしません。そのため「SOS」をなかなか発信せず、発信したころにはすでに手遅れになって傷口を広げてしまうことさえあります。また、システムの開発提案で、自分のレベルを基準に考え、高い生産性で見積もって契約してしまい、実行局面で関係者を困らせるといったケースも聞かれます。

チームリーダーは、自分を含め個々のSEの技術力やプライドにこだわることなく、組織強化をいかに図るべきかを考えていかなければなりません。

できるだけ他の人に仕事を振る

1人で仕事を抱えていては、組織としての実力も上がりません。人同士のコラボレーションで実行するのが仕事です。社内外のさまざまな人を巻き込み、スキル向上とともに仕事をスムーズに進めることが重要です。

◇人を巻き込んで仕事を進める

組織として全体のパフォーマンスを上げるためには、自分だけで仕事を片付けず、周りにスキル獲得の機会を与えることが重要です。1人で仕事を片付ける優秀なSEよりも、他の人を巻き込んで仕事を進める平凡なSEの方が組織としてのパフォーマンスを引き出すことができます。

環境変化への即応が求められる現在、社内だけでなく社外のベンダをも巻き込み、総合的に仕事を進めるSEこそ、大きな成果を上げることができます。

◇無知であることを自覚する

ITが多様化している現在、何から何までわかるスーパーSEは存在しません。ソクラテスの「無知の知」、つまり自分の無知を認めることから出発し、問題意識を持って、専門家の力を積極的に借りる姿勢が重要です。

命令ではなく質問で部下に答えさせる

「部下がよい答えを持っていない」というスタンスで指示命令する形では、部下は育ちません。部下自身に考えさせるように支援することが重要です。答えは部下自身が持っています。部下から答えを引き出すようにしましょう。

命令指示型のコミュニケーションでは自立しない

チームリーダーが仕事で部下と会話する際、次のような光景をみかけます。

部下「A社のBさんがレビューに応じてくれなくて、開発プロジェクトに遅れが出そうです」
上司「なに？　それで、何か対策を打ったんだろうな！」
部下「いえ、これからです。」
上司「おいおい！　まずはBさんに理由を聞いてみるとか、ダメなら他の人に頼むとかしろよ。もういい。オレが直接、A社に掛け合ってくる！」
部下「すみません」

このような命令指示型のコミュニケーションでは、上司が問い詰めた上、解決策も教える形をとります。

したがって、部下は上司の支配に従属し、強い依存心を抱くことになります。その結果、自立的に考え動くことができない「ロボット型ＳＥ」を作り上げてしまいます。

命令せずに質問しよう

いつも上司に答えを求めるようでは、ＳＥは大きく成長できません。「部下自身が答えを持っている」という前提に立って、その答えを導くように質問するコミュニケーション方法、いわゆるコーチングを活用するのが有効です。

◇質問で答えを引き出す

誰しも、人に命令されるよりは、自分自身で決めたことの方が行動へ移す意欲がわきます。そのためには、上司が答えを教えるのではなく、部下に質問して、部下自身が答えを出すように支援することが重要です。

これはコーチングといわれ、質問型コミュニケーションによって、人の

◉表6-1　コミュニケーションの種類

命令指示型	質問型
上司が答えを持つ	部下が答えを持つ
支配・従属的な関係	協働的な関係
受動的で行動に移しにくい	能動的で行動に移しやすい
畏縮、束縛される	安心、勇気づけられる

自立的な行動を促す手法です。コーチングマネジメントは、今やマネジメント手法で必須の知識となっていますので、原書を1冊は読んで学ぶことをお勧めします。

部下「A社のBさんがレビューに応じてくれなくて、開発プロジェクトに遅れが出そうです」
上司「それはまずいね……。君はどうすればいいと思う？」
部下「とりあえず、Bさんに理由を聞いてみます。場合によっては、A社にお願いして、Bさん以外の人を応援に付けてもらいます」
上司「そうだね。そのためには今、何をするべきかな？」
部下「えーと。遅れた場合の影響を説明するための資料を準備したいと思います」
上司「よし。では大至急、資料の準備から始めてくれ」

◇問うことで自立的に考えさせる

過去形で「Why」と責めたてるよりも将来形で「How」、また、問題を限定するよりも視野を広げる問い方が効果的です。「部下に聞いてもどうせよい答えは出ない」などと考えるのは禁物です。「君はどう思うのか」といったんは問うことで、自立的に考えさせることが重要なのです。

叱ってばかりではなくほめて人を動かす

叱ってばかりでは、人は動きません。相手に関心を寄せて存在を認め、折に触れてほめることが重要です。ほめて人を動かしましょう。

叱ってばかりではダメ

「どうしてできないんだ⁉」「もっとしっかりしろ！」「やればできるはずだろう！」など、精神論の叱咤激励ばかりをしていませんか。

確かにそのような形が必要なケースもあるでしょう。しかし、これでは部下はできるだけ叱られないように動き、より受動的となる一方です。余計なことをして叱られたくないため、指示されたこと以外は一切しなくなるのがオチかもしれません。相手を一方的に責めたり人格を攻撃しても、人間関係に大きなしこりを残すだけです。叱ってばかりでは部下は畏縮してしまい、大胆な発想や行動がとれなくなります。

チームリーダーは、部下が自立的に仕事を回すよう仕向けなければなりません。そのためには、上手にほめて動かすことが必要です。

ほめて人を動かそう

「自分だったらどういうときにモチベーションが上がって頑張れるか」という視点で考えると、ほめられたり認められたりすることの重要性がわかるはずです。人を動かすためには、叱るだけでなく、ほめることが重要です。

◇ほめることは認めること

誰しも仕事ぶりや成果をほめられたり、存在価値を認められたりするのはうれしいことであり、ますますやる気が出てきます。「やってみせ、いって聞かせて、させてみせ、ほめてやらねば、人は動かじ」は山本五十六の言葉ですが、人を動かすためには、ほめることが重要です。

しかし、完璧な人がいないように欠点がない人もまたいません。上司として、つい、いろいろと指摘したくなる気持ちもわかります。しかし、そこを耐えて悪いところはほどほどに、よいところを見つけてほめるべきです。

◇相手に関心を寄せる

仕事の成果ではほめられる点がなくても、その人のよいところが何かしらあるはずです。チームリーダーはそれを探さなくてはなりません。そのためには、相手のことに関心を持たざるを得なくなります。

たとえば、「出社時間が誰よりも早い」「仕事の成果は別にしても、やり方はよい」「熱意がある」「他の人への思いやりや協調性がある」など、探せばいろいろとあるでしょう。

最低限の関心は、挨拶に表れます。朝の「おはようございます」から「お疲れ様です」に至るまで、上司から積極的に声をかけ、相手の存在を認めることが大切です。次に、相手の仕事ぶりや成果を確認したり、プライベートな情報を交わしたりすることが可能となります。

◇ほめるために叱る

ほめるべき点がないときは、叱るのが効果的です。なぜなら、叱った点が少しでも改善すれば、その努力をほめることができるからです。つまり、「叱ることもほめることもしない」というのがもっとも避けなければならないことです。

なお、冷静に叱り、感情的にほめることを心がけましょう。

人に教えることは自分も学ぶチャンス

人に教えるときには、理解力と説明能力が問われます。人に教えるということは、実は、「教えられる側」よりも「教える側」の方が学習できるのです。教えることを拒まずに、自分の成長のために率先して人に教えるようにしましょう。

人に教えることを面倒くさがってはいけない

部下から質問をされたときに、面倒くさがって突き返してはいないでしょうか。それではせっかくの機会が無駄になります。「人に教える」機会は、自分が成長するためのチャンスなのです。

質問されたことが自分でもわからなければ、調べることで新しい知識が身に付きます。逆に、答えを知っていたとしても、相手に伝えるために相手のレベルに合わせてかみ砕かなければならないため、深い理解力と説明能力が要求されます。

余談ですが、新人の看護師を教育する際には、まず、インターンの医学生に仕事を覚えさせることから始めるそうです。それだけ、人に教えることは「教える側」の勉強になるということです。教えることを拒まずに、ＯＪＴなどで部下の育成に積極的に関与していきましょう。

人に教えるときには多面的に物事を伝えよう

人に教えるということは、知っていることを自分の好き勝手に述べればよいということではありません。相手に伝わらなければ、教えたことにならないのです。そのため、教える相手（初心者なのか中堅なのか）の知識レベルに合わせて用語や話し方を変化させることが大切です。

たとえば、「円柱」を説明する場合を例に考えてみましょう。側面からの形だけで説明を押し通せば、円柱は「長方形」です。そして、上面からの形だけで説明すれば「円」になってしまいます。円柱を知っている人ならこれで伝わるかもしれませんが、円柱を知らない人にとっては「円柱＝長方形」「円柱＝円」として認識されます。この場合、斜め上からの形を見せてあげることで、円柱がどんな形なのかをイメージさせやすくすることができます。

勉強会を開く

新しい技術や手法に関する勉強会を社内で主催します。その際、各人が先生になるように分担し、担当範囲についてメモをまとめるようにします。そして、週に１回程度、集まって教えあう形にすれば、まとめるためにそのテーマについて調べたり学ことができ、また、人に教えることでさらに考えることができます。社内や業界団体など、手近なところで取り組むのが有効です。

結果だけでなくプロセスを評価する

最近では、実力主義で結果だけが重視される風潮が強まっています。しかし、よい結果はよいプロセスからしか生まれません。チームリーダーは結果だけでなく、部下の仕事のプロセスを評価しましょう。

プロセス無視の結果評価では改善できない

ＩＴ業界では実力主義が浸透し、結果重視の傾向になってきています。プロ意識が高まる一方、やり方を問わない評価方法には問題もあるようです。

「仕事の目標が明確であれば結果に向けて頑張れるはず」というのは管理視点でのエゴに過ぎません。本人が結果までのプロセスをどのように認識しているのか、もっとよいやり方はないのかなど、チームリーダー自身が部下のＳＥと対話し、プロセスを描いていく必要があります。

システム開発プロセスは、いわゆる業界標準がなく、各社各様に標準を持って実践しているのが現状です。しかし、ソフトウェア開発能力の成熟度を評価する標準が出てきており、活用することが可能です。

チームリーダーは、現状の開発プロセスを自己評価し、改善していかなければなりません。

プロセスを評価して改善点を見つけよう

「結果が出せているのだから改善する必要はない」では、これ以上の進歩がありません。今の仕事のやり方をプロセス指向で見直せば、必ず改善すべき点が見つかります。よいプロセスであれば、よい結果を生むはずです。

◇CMMI(Capability Maturity Model Integration)による評価

CMMIとは、ソフトウェア開発プロセスを改善するための能力評価モデルで、現在は政府のシステム調達でも評価要件とされています。5段階の評価のうち、レベル5を取得している企業はわ

◉表6-2　CMMIによる評価

レベル	プロセス成熟度	概要
レベル5	最適化している(Optimizing)	定量的に測定された結果をもとに、標準化されたプロセスを継続的に改善している
レベル4	定量的に管理された(Quantitatively Managed)	定量的な目標を基準として確立し、標準化されたプロセスや成果物を定量的に測定している
レベル3	定義された(Defined)	標準化・文書化・統合化されたプロセスがあり、組織として改善されている
レベル2	管理された(Managed)	基本的なレベルのプロジェクト管理プロセスが標準化されている
レベル1	初期(Initial)	場当たり的でプロセスが確立しておらず、特定のプロジェクトマネージャーや技術者などに依存している

ずかで、ほとんどがレベル1か2といわれています。

近年、このCMMIを活用して開発プロセスを評価し、継続的な改善を図るIT企業が増えています。

◇プロセスを改善する

プロセスを改善するには3Sの視点で見直すのが有効です。つまり、単純化(Simplification)により作業の難しさを下げて低スキル者でも開発可能とし、標準化(Standardization)で誰でもが作業できるように定義して、専門化(Specialization)で深めていくのです。

締め切り効果は有効か?

受験勉強で試験の直前に頑張って間に合わせた経験が誰しもあるでしょう。期限ぎりぎりにならないとやる気にならないことが多く、短い時間で集中力を発揮する「締め切り効果」を狙うこともできるといえます。

しかし、これはプロセスを描けていないからこその

◉図6-2　プロセスの改善

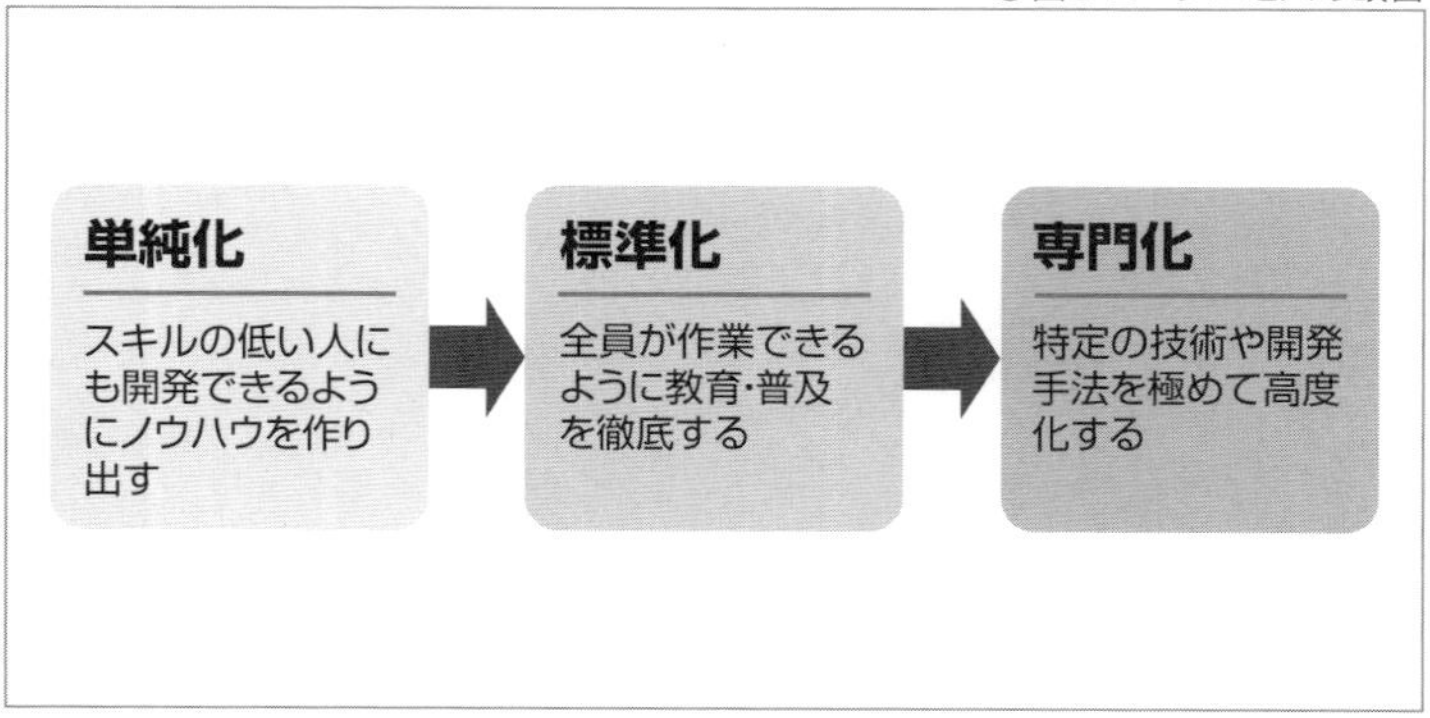
単純化
スキルの低い人にも開発できるようにノウハウを作り出す
標準化
全員が作業できるように教育・普及を徹底する
専門化
特定の技術や開発手法を極めて高度化する

取り組み方法です。プログラミング作業でも結果を出せばよいのだからと、締め切りぎりぎりになってから頑張る様子を見かけます。余裕がなければミスも多く発生しがちです。早めに仕事を進めなくてはいけません。

コミュニケーションとモチベーションが成功の鍵

プロジェクトは人による協同作業で成り立っています。コミュニケーション次第で成否が決まるといっても過言ではありません。また、プロジェクトのゴールを達成するためには、メンバー全員が同じビジョンを持ち、円滑なコミュニケーションで乗り切る必要があります。

コミュニケーションがうまくいかなければプロジェクトは成功しない

プロジェクトは、複数のSEやプログラマが関わっています。システムは命令通りに動きますが、生身の人間ではそううまくはいきません。人をうまく動かすには、コミュニケーション（人同士のふれあいや情報のやり取り）が重要です。

全員をまとめあげて1つの仕事を成し遂げるときに、コミュニケーションのやり方を放任すれば、おしゃべりが多すぎて作業が滞ったり、コミュニケーション不足によって孤立してしまったりという問題が発生しがちです。そこで、チームリーダーは、元気よく挨拶したり笑顔で話しかけたりして、自ら率先してコミュニケーションしやすい土壌を作り、同時に、行きすぎたコミュニケーションにならないよう、ある程度のルールを用意する必要があります。

コミュニケーションしやすい土壌をつくる

チームリーダーは、次のような方法を取り入れながら、メンバーがコミュニケーションしやすい環境を率先して作り出す必要があります。

◇仕事以外の関係を作る

納期や品質でピリピリしている職場で、仕事だけの会話になると人間関係が希薄になりがちです。そうなると孤立感から出社拒否になったり、ひどい場合にはうつ病になることさえあるでしょう。

円満な人間関係を築くためには、仕事以外の会話をする場を用意するのがよいでしょう。いわゆる「飲みニケーション」や、スポーツで汗を流す、リゾートで合宿をするなど、チームリーダー自らが企画していくべきです。

◇笑顔で相手に接する

赤ん坊の無邪気な笑顔に多くの大人が惹き付けられるように、笑顔は人間的な魅力の1つです。「表情学」という学問でも笑顔の効用は認められています。笑顔で接することで相手に「自分が受け入れられている」と思わせ、よりフランクに相談できる雰囲気を作ることができます。よく女性は「笑顔に勝る化粧なし」といわれますが、男性でも同じことがいえるでしょう。

なお、笑顔を作るのが苦手な人は、口を意識的に少し横に広げるだけでも充分です。少しでも歯がのぞけば相手には笑顔に見えるからです。

プロジェクトは寄せ集めのチームである

プロジェクトのチームは、新人社員から年上の部下、契約社員や外注までさまざまな要員で構成されています。

プロジェクトの目的は1つであっても、参加の動機は人それぞれです。たとえば、新人ＳＥは何でも吸収したいという知識欲、中堅ＳＥはワンランク上のキャリアを積みたい、ベテランＳＥは他人と仲よくやりたい、外注ＳＥは今の仕事が楽しければよいなどが考えられます。

チームリーダーは、要員を「血の通った人間」ではなく「交換可能な歯車」として機械視する傾向にあります。

しかし、開発現場でよくいう1人月は、いつも同じというわけではありません。開発の生産性は、作業者の持つモチベーションに大きく左右されます。

チームリーダーは、チームを構成するさまざまな要員を組織としてまとめあげ、モチベーションを高めて仕事を成功に導かなければなりません。

メンバーのモチベーションをまとめあげる

プロジェクトは、多種多様な人をまとめて1つのゴールを目指す活動です。成功させるためには、ビジョンを共有することで同じ土台に立たせ、チームの一体感を作り出し、モチベーションを喚起することが重要です。

◇プロジェクトのビジョンを共有する

プロジェクトは実行のたびに要員を集め、終結と同時に解散するのが特徴です。したがって、チームのビジョンやルールは、いつもゼロから作り上げる必要があります。

そこで、ビジョンとルールを定めるプロジェクト憲章を作成します。プロジェクト憲章では、プロジェクトの背景・目的・成果物・期間・予算・体制・運営ルールなどを定義し、全員で共有することで、参加者全員が同じ土俵に立つことができます。

◇チームの一体感を作り上げていく

メンバー間でコミュニケーションを活発にするためには、「しかけ」と「しつけ」の両面で工夫が必要です。

「しかけ」では、プロジェクトファシリテーションの1つとして注目されているスタンドアップミーティングが有効です。これは、毎朝、全員が立ったままで、昨日の成果と今日の作業、課題を15分以内でお互い説明する方法です。毎日続けることでお互いの仕事内容や人柄をよく知ることができ、仲間意識を高めることができます。「しつけ」では、進捗報告などのコミュニケーションルールを定めておき、チーム内に徹底すべきでしょう。

◇メンバーのモチベーションを高める

各人の実力を評価しつつ欲求に応え、モチベーションをより引き上げることが必要です。たとえば、新人はプログラマを担当させつつSEの仕事の一部を手伝わせて知見を広げさせる、中堅はプロジェクトマネージャーの補佐にしてワンランクアップさせるなどが考えられます。

また、リスクの大きさにもよりますが、新技術を導入して挑戦意欲をかき立てて、仕事に面白みを味付ける方法もあります。

技術とマーケティングの両面に強くなる

ＩＴの製品や技術は、常に進化しています。システムで顧客にメリットをもたらすためには、新しい技術や手法を取り入れる必要があります。製品や技術の動向を把握しましょう。

従来の製品や技術に安住できない

チームリーダーは、目の前にあるシステム開発や保守だけではなく、将来のビジネスの種として、新しい技術や手法などを組織に取り入れることも仕事の1つです。いつまでも従来の仕事だけに安住していては、ビジネスの発展はありません。最新の技術をキャッチアップしてビジネスを作り出すことが、顧客のニーズを先取りすることにもつながるのです。

ソフトウェアパッケージの数は数千におよび、次から次へと新しい技術も登場しています。古い製品や技術を使い続けていれば、その技術には強くなるでしょうが、マーケットとのギャップは大きくなるばかりです。古い技術を捨てることも欠かせません。

現在では、ＩＴに関する情報があふれています。勉強熱心な顧客から新技術を使いたいという要請があった場合、動向をウォッチしていないままでは対応することは不可能です。

製品や技術の動向を把握する

何を取り入れて何を捨てるべきか、チームリーダーには、ITの動向を見定めて選択する力が求められます。そのためには、自らのアンテナを高くし、ITの製品や技術の動向を継続的にウォッチすることが重要です。

◇IT業界人と仕事以外の人間関係を作る

インターネットを介して、技術情報や評価版のダウンロードなど、多くの情報が手に入りやすくなりました。しかし、信頼できる生の情報は、やはり人づてに入手する情報です。以前の仕事のつながりが切れたとしても、たまには会って雑談したり、飲んだりすることができる人間関係を、社外のIT業界人と築いておくことが重要です。そうする中で、今の売れ筋や、これからの注目技術、ダメな製品や成功事例などの情報をフランクに聞き出し、情報交換するように努めましょう。

また、技術関連の学会やシンポジウム、展示会などに参加して、技術動向や事例を学ぶのもよいでしょう。

営業と信頼関係を築く

SEの仕事は、営業が受注したシステムの開発が中心のため、物作りのプロとして作り屋の発想に偏りやすくなっています。そのため、営業との間で揉め事や軋轢が多くあり、会社全体として顧客に迷惑をかけるケースも少なくありません。

チームリーダーは、作り手のSEと売り手の営業担当の間を調整してビジネスをまとめるポジションにあるはずです。チームリーダー自身が、「営業部門がだらしないからうまくいかない」「営業が変な仕事をとってきたから苦労する」などと一方的に非難するべきではありません。

チームリーダーとして、仕事の線引きをして責任範囲をまっとうしようとする姿勢は大切です。しかし、ときには営業部門の範囲まで首を突っ込まなければ、自部門の仕事を円滑に進めることはできないことも認識すべきです。

マーケティングに強くなる

SE出身のチームリーダーは物作りのプロダクト指向はあっても、市場を中心にしたマーケット指向が不足しがちです。マーケティング手法を学び、日々の仕事の中で実践して、営業に働きかけていくことが重要です。

◇ITビジネスはカスタマーイン

マーケティングとは、「絶えず変化し続ける市場の動きをとらえ企業活動につなげること」

と定義できます。

右肩上がりの高度成長期には、よいものを作れば売れるという「プロダクトアウト」が主流でした。しかし、顧客のニーズが多様化している現在は、市場の要求に沿って活動する「マーケットイン」で取り組まなくてはなりません。顧客のニーズに応じてシステムをテーラメイド（注文作り）することの多いＩＴビジネスでは、特にこれがいえます。むしろ、顧客のニーズにワントゥーワンで対応する「カスタマーイン」の視点まで昇華させることが重要でしょう。

◇マーケティングミックスでＩＴビジネスをとらえる

売り手から見たマーケティングの戦略に４Ｐがあります。一方で買い手から見た４Ｃもあります。これらはマーケティングの基本であり、ビジネスに取り組むに当たっては、両面を意識することが重要です。

●Product（製品）
製品の名称や品質、機能のことです。これには、ハードウェアやソフトウェア製品、開発するシステムだけではなく、ヘルプデスクなどのサービスも含まれます。

●Price（価格）

システム開発では生産性をもとにしたコスト積み上げ法が主流ですが、購買意欲を引き起こしたり価値を認知させる心理的な価格設定方法もあります。特にパッケージ製品の価格では、競合相手との優位性を考慮すべきです。

●Promotion（販売促進）

展示会やセミナーなどで、製品やサービスのプロモーションをしたり、営業とともに客先へ出向き、製品や技術の売り込みを支援します。

●Place（流通）

顧客の多様なニーズに応えるため、複数のＩＴ製品を組み合わせる必要があり、他社と提携します。また、最近ではインターネットのウェブサイトから、製品をダウンロードする方法もあります。

◉図6-3　マーケティングミックス

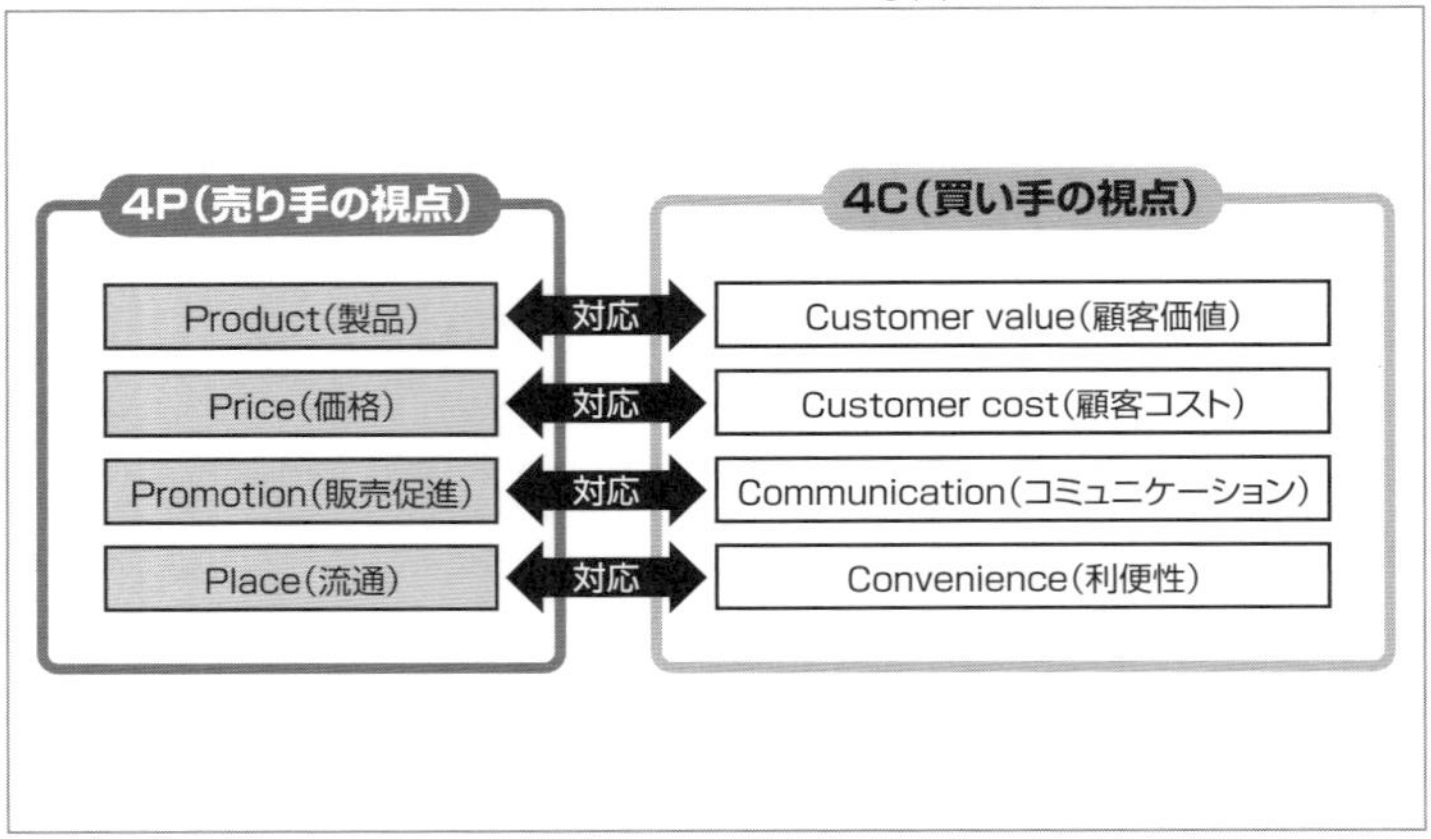

第7章
会社や上司とのよい関係を築く

面白い仕事は自分で作り出す

「仕事が面白くないから」と、仕事の面白さがわかる前に辞めてしまうＳＥが多いのが実状です。しかし、面白い仕事は努力なしには手に入りません。自分自身で面白い仕事を作り出しましょう。

辞めるのは仕事を面白くできないから

一般的に、中卒の7割、高卒の5割、大卒の3割が3年以内に会社を辞めていく、いわゆる「七五三現象」が知られています。ＩＴ業界に就職するＳＥも例外ではありません。確かなスキルも身に付けないうちに、転職してしまう人が多く見受けられます。たいていは、「今の仕事が面白くないから」「自分がやりたいこととは違うから」というのが理由のようです。

しかし、最初から面白い仕事は存在しません。誰が見ても面白い仕事は、もっと経験を積んだベテラン社員が先にとってしまうのが世の常です。したがって、若手の人に最初与えられる仕事は面白くないことがほとんどでしょう。面白い仕事は、会社からもらうのではなく、自分で作り出す姿勢が必要です。

面白くない仕事の中にも目的を見つけ出そう

面白い仕事は自分で作り出すものです。そのためには目的を持って、どんな仕事でも妥協せずにこなさなくてはなりません。苦労を重ねて成果を出すことができたからこそ、本当の意味で仕事が面白くなるのです。

◇目的を持って仕事をする

仕事は楽しいことばかりではありません。苦しんでみないと働くことの本当の楽しさがわかるはずもなく、目的を持って努力を続けていくことが重要です。

目的があれば、「やりがい」が生まれ、その仕事が好きになります。好きであればこそ妥協せずに仕事をすることができ、「好きこそ物の上手なれ」というように、その道を極めることができるのです。

◇仕事の中にやりがいを見つける

仕事の中で、何らかのやりがいを見つけることができれば、俄然と仕事は面白くなってきます。たとえば、新しい技術を学べる、顧客に喜ばれる、自分のアイデアを具現化できるなど、モチベーションを上げることができるポイントを意識して探すことをお勧めします。

◇仕事が面白い「ふり」をする

D・カーネギー氏は、著書『人を動かす』（創元社）の中で、『仕事が面白い「ふり」をすると、それだけで仕事が面白くなるから妙だ。疲れをあまり感じなくなるし、緊張も解け、心配も和らぐ』と述べています。

一見、面白くない仕事でも面白い点を見つけ出し、自己暗示的に面白い「ふり」をするのです。そうすると、積極性が生まれ、仕事がうまくいって面白くもなってくるはずです。

他人の力を借りて自分の限界を超える

ＳＥは、孤独な職人ではありません。１人で仕事を進めれば、他の人のよいアイデアを活かす機会を失ってしまいます。他の人の力を借りて、自分の意見を発展させていきましょう。

SEの仕事は自分1人でするものではない

ＩＴ業界を知らない人は、「ＳＥはコンピュータに向かう孤独な仕事」というイメージを抱きがちです。

確かにプログラマなどの職種では、その時間が多いのかもしれません。しかし、実際には、開発仕様について顧客と打ち合わせたり、画面のデザインをレビューしたり、顧客からのクレームを受け付けたりするなどの人と人とのコミュニケーションに多くの時間が費やされます。

一方で、他の人とのコミュニケーションを軽視し、１人で自己完結的に仕事を進めてしまうＳＥもいます。他の人を頼らなければ、自分の能力が限界となってしまうのは自明の理です。それが未経験の領域であれば、問題を解決するのは、なおさら容易ではありません。

仕事を円滑に進めて高い成果を導き出すためには、他の人の知恵や経験も借りるつもりで、自分の意見をぶつけて他の人の意見をもらい、発展させていく必要があります。

🌐他人のアイデアを借りよう

自分の能力の限界を超えるためには、積極的に他の人の助けを借りるべきです。それには、他の人と意見を交わしたり、自由な発想ができるブレインストーミングでアイデアを採むことが重要です。

◇自分の意見を他人に話す

人と話しているうちに、面白いアイデアや解決法などがわいてきた経験はありませんか。仕事の中で感じる問題点や提案内容を、自分の意見として積極的にしゃべってみましょう。

人にわかりやすく説明しようとすると、必然的に頭の中で物事を整理しようとします。そのことが意見に対する論理性を確保し、抜けている点も明らかにします。また、反論の予測によって、別の視点で論拠が加わることもあります。

自分の意見は頭の中で完結させず、他の人とのコミュニケーションで叩き上げるべきです。コミュニケーションすることで、誰かの知識や経験とシンクロして発想が膨らんだり反応が返ってきて、思いもよらなかった視点に気付くこともあります。

◇時間や場所を変えてブレインストーミングする

創造的な意見交換をするとき、関係者で集まってブレインストーミングするのが有効です。ブレインストーミングとは、参加者の自由奔放な意見を次々に挙げることで創造性を発揮させる手法です。

また、自由な発想ができるように、会社の枠から離れることをお勧めします。たとえば、早朝や休日の時間を活かしたり、喫茶店や別荘地などで実施するのもよいでしょう。

なお、ブレインストーミングのルールは、次のようになります。

- 他人の意見について、よい・悪いを批判しない
- 質より量、たくさんの意見を出す
- 奇抜で面白いアイデアを歓迎する
- 他人のアイデアに便乗して新しいアイデアを出す

上司から叱られたら感謝する

上司から叱られることとは、指導されるということです。無視されたり、怒られたりするよりもマシであり、素直に受け止め、必要なら反論しなければなりません。上司から叱られたら感謝しましょう。

叱られて辞めるようでは成長できない

上司から、顧客対応の拙さや仕事への取り組み方を叱られて、「そこまでいわれて、この会社にいようとは思わない」「別の会社に行ってもいい」などと半ばキレたように簡単に会社を辞めようとするSEがいます。

はっきりいって、そのような態度では、どの会社に行っても通用しません。若手エンジニアは、会社からすれば将来の事業成長に向けた投資対象です。だからこそ、給料を払いながら教育をしています。上司は指導するために叱っているのです。

ただ、上司も人間です。完璧ではありません。ときには感情的に怒ったり、間違った指摘をすることもあるでしょう。そこを見抜いて対処しなければなりません。

上司から叱られたら感謝しよう

仕事で失敗したとき、上司がとりうるアクションは、叱る・怒る・無視するのいずれかです。それぞれのアクションに合わせた行動をとる必要があります。

◇叱られた場合は上司に感謝して必要なら反論する

冷静に叱られるのは特に歓迎すべきことです。楽しくもないことをわざわざ指摘するわけですから、叱る方こそ辛いはずです。その気持ちをくみ取り、叱られたら「ありがとうございます」と感謝して、謙虚に受け止め学習しなければなりません。

もし、上司の指摘が間違っているなら、理路整然と反論することも必要です。逆境でも正論をいう姿勢が買われて、株を上げることもできるでしょう。ただし、反論すると、場合によっては上司の反感を買ってしまうこともあるので、見極めが重要です。

◇怒られた場合は上司の感情に注意を払って反撃しない

怒られた場合、上司は感情的になっています。相手が感情を爆発させたときには、反撃してはいけません。「上司の顔色を伺う」といいますが、表情などで上司がどんな気持ちで怒っているのかをくみ取ることが必要です。

ワインバーグ氏は著書『コンサルタントの秘密』（共立出版）の中で、「言葉は役立つことも多いが、音楽に耳を傾けることは常に引き合う。自分の心の中の音楽は、特にそうだ」と述べています。つまり言葉だけではなく相手や自分の感情にも注意を払って、自分の感情をコントロールすることも必要です。

◇無視された場合は自己分析して働きかける

無視されるのは、最も困った状態です。注意や叱責を受けなくなり、上司から「もう、何をいっても仕方がない」と見放された恐れがあります。

同じミスを何度も続けるなど、何か心当たりがあるはずです。まずは自分なりに分析してみることが必要です。

そして、苦手な上司だからとひるまず、日ごろの挨拶を積極的に行い、ころ合いを見てミスの謝罪と今後の取り組みについて説明するなど、誠意を持って働きかけていくべきでしょう。

上司とうまく付き合う

たった1人の人間の能力でできることは限られています。そのため、高い成果を求めるには、上司に使われるのではなく、上司を使うくらいの意識が必要です。上司の強みを活かして仕事の成果を上げましょう。

上司からの指示待ちでは高い成果は望めない

会社や上司の指示や命令を待っている受身的意識で仕事をしているようでは、高い成果は望めません。なぜなら、その時点で仕事への積極性がそがれているからです。

高い成果を上げるには、自分が中心になって会社を動かしており、そのために上司の能力さえも使っているという意識で仕事に取り組む必要があります。

また、「指示待ち」の逆で、他の人からいろいろと指図されたくない、仕事の成果を自分一人の手柄にしたいという理由で、上司を遠ざけてしまう人も困ります。上司の意見を聞かずにシステム開発提案の見積もりを出してしまったり、顧客からの無理な仕様の変更依頼にOKを出してしまったりして大きな失敗につながると、会社からの信頼を失いかねません。

会社で一番困るのが仕事を抱え込む人です。1人で抱え込み大きな問題が発生してから他の人を巻き込んでも、すでに手遅れで対策の打ちようがありません。

組織として成果を上げることを意識する

仕事は組織で回すべきで、1人で仕事を抱え込むのは反則です。ノウハウの先生である上司の力を借り、上司の強みを活かして組織としての成果が上がるように仕事を進めなければなりません。

◇上司への効果的なコンタクト方法

「経験は最大の教師」といわれる通り、経験から得たノウハウは貴重です。上司は少なくとも自分よりも経験が多く、さまざまなノウハウを持っているはずです。それを使わない手はありません。煩わしいなどと考えず、どんどん利用しましょう。ただし、上司が多忙であまり捕まえることができないかもしれません。その場合、次の方法を試してみてください。

●上司に気にかけてもらう

システムのトラブルなど悪いニュースほど早く知らせたり、進捗をマメに報告するなど、ホウ・レン・ソウ(報告・連絡・相談)を欠かさないようにします。

●上司の行動パターンを読む

「午前中は会社で業務処理して午後から客先へ出かける」「会議室には10分前には入る」など、上司の行動パターンを分析し、移動時間や会議の空き時間を狙って仕事の相談をします。

●上司の先回りをする

自分のスケジュール以上に上司のスケジュールを把握するようにします。トラブル報告会が予定されていれば、トラブル原因調査・対策検討など、指示される前に資料を作成して提出するようにします。

◇上司の強みを活かす

上司が成果を上げることによって、自分自身が認められ、さらに活用されることで貢献度がアップし、より成長できる仕事の機会を得ることになるはずです。

上司も人です。持っている強みや仕事の成果の上げ方が異なります。その上司特有の仕事の方法を知り、それを活かすように仕向けることが重要です。

そのためには、上司にへつらうのではなく、上司の強みを活かすためには何をしなければならないかを考え、上司にわかる形で提案していかなくてはなりません。

ストレスとうまく付き合う

ＳＥの仕事には、どうしてもストレスは付いて回ります。避けられない以上、それを前向きにとらえ、うまく付き合うことが大切です。

ＳＥの仕事にはストレスがつきまとう

ＳＥの仕事は、品質や納期との戦いで、体力的にも精神的にも辛い場面が多くあります。特に「デスマーチ」と呼ばれるゴールの見えないプロジェクトでは、多くのＳＥがストレスを抱え、体調不良になることさえあります。では、ストレスにつぶされないためには、どうしたらよいのでしょうか。

ストレスとうまく付き合おう

ＳＥにとって、仕事上のストレスは避けがたいのが実状です。しかし、その受け方や対処の仕方を工夫することはできるはずです。ストレスを飼いならすためには、それを前向きにとらえ、チェックして解消することが重要です。

◇ストレスを前向きにとらえる

仮にまったくストレスのない世界で仕事をするとしましょう。納期もなければ、顧客との面倒な交渉もないような世界で仕事をして、やりがいを感じると思いますか。

ストレスがまったくないのは、乗り越えるべきハードルがないのと同じです。達成感は、さまざまな障害や困難を乗り越えるからこそ得られるはずです。あまりに恵まれた環境では、意欲や創意工夫は生まれてきません。

まずは、ストレスを前向きにとらえて、仕事の達成感に結び付けていくことが重要になります。

◇ストレス度をチェックする

ただし、あまりにストレスが多いと健康面・精神面で問題です。ストレスにどこまで耐えられるかは、人それぞれですが、電通の過労死事件が社会問題化し、多くの企業で「働き方改革」が進展しているように、業務の拘束時間が長いと、体力の低下とともにストレスも大きくなるのが一般的です。

まずは、ストレスをためていることに気付かなくては対処のしようがありません。「体調が悪い」「気分が乗らない」「仕事が進まない」など、わずかな兆候を見逃さないようにしましょう。なお、安全衛生労働センターから疲労蓄積度のチェックシートが公開されています。この活用をお勧めします。

●安全衛生労働センター「労働者の疲労蓄積度チェックリスト」
URL　http://www.jaish.gr.jp/td_chk/tdchk_menu.html

◇**ストレスを解消する**

ストレスを解消するには、「運動する」「気分転換する」「ぐっすり眠る」などいろいろな方法があります。自分にあった方法を試行錯誤しましょう。

なお、体調がどうしても直らない場合には、早めに専門医に相談することも必要です。誰もがかかる可能性があるのですから、自分には関係がないなどと考えず、まずは相談してみることをお勧めします。

●診療内科：ストレスからくる胃潰瘍や喘息など
●精神科：うつ病や神経症など

社外の人と積極的に付き合って人脈を作る

社内だけの人脈では発展性がない場合があります。ＩＴ業界を超えて人脈を形成し、自らの成長に活かしていくことが重要です。そのためには、社外の人と積極的に付き合い、メンターを見つけなければなりません。社外にも人脈を作りましょう。

人脈はできるものではなく作るもの

会社以外に人脈を持っていますか。会社の地位や肩書きに基づく人脈ほど、危ういものはありません。なぜなら、それを失えば離れてしまう可能性があるからです。地位や肩書き抜きで各人の力を認め合うのが、本当の人脈です。

人脈はできるものではなく作るものです。この視点で自らが動かなくてはなりません。インターネットが普及している現在、さまざまな情報を簡単に入手できるようになりました。しかし、本当に信頼できる重要な生の情報は人間からしか得られません。

また、キャリア形成やスキルアップを支援してくれるメンターをその人脈から見つけ、関係を作ることも大切です。メンターとは、自分にとって師匠となる存在、目指すべきロールモデル（理想の役割像）のことです。メンターを意識して近付くよう努力を続けることが重要です。

🌐社外の人と積極的に付き合おう

日々の忙しい中で、どうやって人脈を作るのかが問題です。そのためには、会社だけではなく、「資格勉強などの自己啓発を他の人と協同で進める」「業界団体に入る」「趣味を極める」などが有効です。

◇ノウフーを意識する

ノウハウ（Know How）は「技術や知識」、ノウフー（Know Who）は「誰が何を知っているか」の情報です。自己成長のために、本来はノウハウを習得したいのですが、暗黙知として専門家の頭の中にあり、書籍やインターネットなどから探すのは、容易ではありません。また、直接、専門家に尋ねた方が、状況に合わせた応用法などがスムーズに伝わるでしょう。自分一人でノウハウをすべて得ようとするのは、労力が大きすぎます。「頼れる専門家」の人脈を作るべきです。

◇メンターを見つける

社内の上司や同僚でもよいですが、利害関係があっては客観的なアドバイスを得にくいかもしれません。例えば、ＰＭＩ（プロジェクトマネジメント協会）などの資格団体やコミュニティに入って社外に見つけるべきでしょう。なお、「総合的に見てメンターが1人」というのは難しく、メンターをロールで分けて考えるとよいです。

◇勉強会を主宰する

ＡＩやロボットなど、最新のＩＴ技術に関するテーマや、ＩＴとは直接関わりのなくても興味やゴールが一致するテーマを設定し、勉強会を主宰します。筆者は中小企業診断士の受験勉強会を主宰したことがありますが、そのときのメンバーは、公認会計士や新聞会社の広告マンなど、バラエティに富んでいました。勉強会のテーマは決まっていたのですが、それぞれの専門が異なるため、会計監査の限界や新聞の広告効果など、実体験の話を派生的に聞くことができました。筆者は診断士の勉強はさておき、自分の専門領域では得られない情報に大きな価値を感じていました。やはり生の情報は生きた人間からしか得られないのです。

■著者紹介

克元《かつもと》 亮《りょう》

1965年東京都生まれ。プロジェクトマネジャー、ITコンサルタント。大手ソフトウェア企業にて、ITコンサルティングやシステム構築プロジェクトでマネジメントに関わる。また、破綻しかけているプロジェクトを、立て直す「火消しプロマネ」としても活躍。
「ITとコミュニケーション」を主なテーマとして執筆活動を続け、これまでに20冊を超える書籍の出版に関わる。代表作に、『「しきる」技術 誰にでもできる超実践リーダーシップ』（日本実業出版社）、『ITコンサルティングの基本』（日本実業出版社、共著）、『SEの文章術』（技術評論社）などがある。

編集担当：吉成明久 / カバーデザイン：秋田勘助（オフィス・エドモント）
写真：©artida - stock.foto

ITエンジニアのためのスタートアップ戦略

2018年4月2日　初版発行

著　者　克元亮
発行者　池田武人
発行所　株式会社　シーアンドアール研究所
新潟県新潟市北区西名目所4083-6（〒950-3122）
電話　025-259-4293　FAX　025-258-2801
印刷所　株式会社　ルナテック

ISBN978-4-86354-241-9 C3055